連鎖經營大突破

打造新零售時代獲利模式

陳其華——著

推薦序

正確且及時的連鎖品牌發展策略

古永嘉──台北大學企管系暨企研所教授

企業經營的目的是如何在複雜變動的總體及產業環境下，運用企業有限資源，達到長期穩定的競爭優勢。另外，從經營管理的角度而言，企業最高指導程序為使命、願景、目標、策略及行動方案五個層面，而「品牌管理」正是結合這些層面的核心價值。良好的品牌發展策略可提升企業的品牌價值，使產品附加價值更高、營收成長更快且品牌延伸可能性更強。

品牌是顧客或消費者對企業的綜合印象，它是企業的產品與服務、名稱、價格、包裝、歷史、信譽、廣告等有形及無形價值的總稱。產品雖是由工廠製造，但品牌印象卻是由企業塑造，並經顧客消費滿意、主觀認同及執著偏好而完成。成功的「產品」隨著時間的推移可以消失，但成功的「品牌」卻能持久不衰。品牌價值實為企業的長期資本及維持長期競爭優勢的利器。

本書強調連鎖品牌經營的五大核心關鍵要素：顧客、品牌、團隊、連鎖與利潤，更是切中重點。第一篇探討連鎖經營力的關鍵要素，說明連鎖經營之營運架構。第二至第七篇深入探討顧客經營、品牌行銷、團隊建立、連鎖系統、加盟授權及獲利經營。作者將其歷年來連鎖品牌經營管理及顧問心得，擇其精要部分納入討論，將企管學理及實務經驗融合一體，個人讀來也深有收穫。

第八篇強調經營者修煉的重要；《孫子兵法》有云「道、天、地、將、法」的戰略成功要素，首重經營者要有「道」，即：有道是明君，無道是昏君。明君懂得民意，能審時度勢。除此之外，有為的經營者要懂得員工、消費者、股東及市場趨勢等，品牌經營對內要員工認同，對外則要消費者及社會大眾的肯定與支持。「將」指的就是團隊經營，對內培植優秀幹部人才，對外努力經營上下游及周邊團隊，可確保在正確策略方向之下，圓滿完成執行任務。最後第九篇為自我診斷，使連鎖品牌業者能實地自我體檢，審慎了解企業內部之優勢與劣勢，配合外部環境之機會及威脅，發展出妥善之因應策略。

依據經濟部統計處資料顯示，二〇二〇年台灣零售業總產值達三．八兆台幣，餐飲業總產值達七七七五億台幣，近五年也在陸續增長中。

在全球疫情的干擾之下，台灣整體經濟環境面臨重大衝擊，產品、市場、通路和顧客也已經產生新的變動，如何正確且及時的訂定連鎖品牌的發展策略，實為零售連鎖業的當務之急，本書或可成為企業經營者及經理人員重要的參考資料。

古永嘉

推薦序

花若盛開，蝴蝶自來

高端訓／亞太行銷數位轉型聯盟協會理事長／政治大學兼任教授

我跟其華認識，是在商業總會品牌創新服務加速中心，他是品牌團的團長。

每一次的會議，他都能讓我感覺跟一般的顧問不一樣。他的立論簡潔易懂，沒有高深難懂的理論；他的見解一針見血，沒有拐彎抹角的言語；他的方案總是讓人不得不買單。

這本書，就跟我認識的其華一樣。他提出連鎖品牌經營的九大核心，從連鎖經營力開始，到顧客經營、品牌行銷、團隊建立、連鎖系統、加盟授權、獲利經營、經營者修煉，最後提出自我診斷，內容涵蓋組織、人才、系統等，每一項都能舉重若輕，直指連鎖經營的核心。

如果你也在經營連鎖事業，一定可以體會，經營一家店容易，管理兩家店還行，到了第三家店就開始力不從心了，這是因為經營連鎖店不比經營單店，無法靠創業者一人之力，必須要有很強的後勤能力，也就是一個很強的總部運作機制。記得王品牛排開到第七家店以後，高階主管再也無暇每週巡店稽核，以人力的方式做多店橫向管理，尤其這些店又同時分布在北、中、南，難度越來越高，於是開始建立總部的團隊。

連鎖品牌要經營得好，當屬「經營理念」及「管理人才」最重要。有了人才，才能建立品牌、建置ＩＴ、辦好訓練、執行行銷、管好授權。但我觀察到一般連鎖業者，會積極的去拓展新的加盟，卻吝於投資總部品牌管理團隊，看起來賺到短期利潤，最後卻失去了一個有潛力的品牌。這也就是為什麼每年的連鎖加盟展中，有一半左右的品牌，不到三年就消失了。

王品集團創辦人戴勝益曾說：「什麼事情都做對，數字自然就出來。」當我們把經營連鎖的重要事情都做對，連鎖經營的利潤就會出來。然而，連鎖業者往往為了快速賺取加盟金，急於授權，吝於投資，本末倒置。如果能夠把其華講的前八篇都做到，利潤自然就出來，正所謂花若盛開，蝴蝶自來。

連鎖經營要做得好，重點在「鎖」不在「連」。要鎖得好，就要回歸根本，把基本面徹徹底底的做好！

推薦序　經營者自我診斷的智慧結晶

張永昌｜鬍鬚張股份有限公司董事長

看書通常都是從頭開始看，但經營者卻恰好相反，先從結局看起，一切為達成結局而努力！

因此，建議先從最後面的第九篇開始閱讀，同時請讀者提筆做「七張自我診斷表」計算得分，並在表格下方「摘要與行動方案欄」裡，寫下自己的問題與見解；隨後再檢視目錄綱要，直接切入對應的篇章做深度閱讀，尋找解方。先影印一份完成自評，再將自我診斷表中的「我們」，改為想加盟的品牌名稱，將「我們」改為「他們」，進行他評，對想加盟的品牌總部做較客觀的評量。這七張自我診斷表是非常珍貴的智慧結晶，推薦讀者務必善加運用。

如同《孫子兵法》中的五事七計，用以評估兩軍兵力強弱優劣；這七計就是七個基本問題：

- 主孰有道？
- 將孰有能？
- 天地孰得？
- 法令孰行？
- 兵眾孰強？
- 士卒孰練？
- 賞罰孰明？

如果讀者已有自己的店鋪或是多家分店，自評可得截長補短之功效；如果讀者想要發展馬斯洛理論中的「自我實現」，讓當老闆的理想能夠美夢成真，也可做為評估、選擇加盟總部之用。經營者成功的祕訣，在於能從他人的觀點來學習事務；用想像的方式，有如將自己的腳伸進他人的鞋子裡，從而體會一下作者的觀點。

能夠持續成長茁壯的事業，成與敗都在「人」。台語俗諺說：「不識貨請人看，不識人死一半」；又「企」＝「人＋止」，企業止於人，沒有人，企業活動就整個停擺——可見人對了就什麼都對，人錯了就什麼都錯。將帥無能，累死三軍。在其他條件都具備充足之時，剩下最重要的就是自我檢視，冷靜思考自己是不是一個稱職的經營者？

請翻閱第八篇「經營者修煉」，其中談到如何「成為對的經營者」。如同作者的說明，一個適格的經營者，日常領航企業前進時，必須關照七件事情：

- 掌握方向
- 制訂策略
- 設定目標
- 領導團隊
- 制訂規範
- 掌控進度

● 績效考核……等

經營者要做全面性的經營與管理，而非只做擅長興趣的事。

已故美國管理大師彼得．杜拉克曾給總統的六個忠告，其中第一項「專心一致」和第二項「做該做的事」當中，所謂「做該做的事」表示面對高度爭議事件的處置，才是既優先又重要的事項；這類事項非得由經營者擔當裁決、處置不可，任誰來都不合宜！第四項「不要事事躬親」，則是要做好授權：建立一個具有高度紀律的小團隊，讓每個人都有負責的領域去發揮才能。

因此，我們可以知道，「找對人，就能做對事」「找千里馬先確保自己就是伯樂」。閱讀本書，可以讓自己早日成為「對的經營者」。

張永昌

目錄

第六章 加盟授權——185

第七章 獲利經營——221

前言　連鎖事業的實戰策略

根據台灣連鎖暨加盟協會（TCFA）近年的調查統計，在台灣擁有三家店以上的連鎖品牌，總數量為三千家左右，直營店數與加盟店數的比例，大概是四比六，連鎖店總數大約有十萬家店。

這麼龐大的市場，在Covid-19疫情後，整個經營生態面臨不少改變，包括消費者健康意識更高、線上購物、餐飲外送、訂閱制與租賃方式等。數位科技在連鎖事業的角色變重了，以顧客為中心的OMO（Online-Merge-Offline，線上與線下融合，請見第四十頁）營運方式，更成為連鎖事業的經營顯學。

然而，並不是要連鎖事業電商化，而是以顧客為中心，讓實體門市有數位化服務營運能力。人們雖會因疫情改變想法與習慣，但人性本質仍然沒變。因此，門市的新定位要搭配線上即時下單、方便服務與便捷物流，來建立提升消費者與品牌價值的體驗接觸點。後疫時代，企業必須提供更多元的商品與服務方式。

無論是直營還是加盟型態的店，對企業來說，除了獲利外，品牌還是最重要的中、長期無形資產；對門市來說，「品牌信任」能左右客戶的購買選擇；對加盟者來說，連鎖品牌的知名度是他創業加盟的信心來源；對股東來說，因品牌價值帶來的加盟與授權獲利，更是高利潤的回收。

在單店、多店、多品牌、小型連鎖品牌或大型連鎖品牌中，每個店長、區經理、加盟主、幕僚、督導等，其實都是經營者。不論職位高低，職權大小，都該從事業經營者的立場去系統化的思考：如何讓事業能持續獲利發展。全體員工要以顧客為中心，共同投入，創造品牌價值。

本書主要提供連鎖事業的市場經營思維與街頭智慧，以及經營顧問在診斷與輔導連鎖事業時的思考邏輯與分析觀點。

第一篇說明連鎖經營系統簡要架構，提醒經營者以顧客為中心，之後要緊盯著顧客、品牌、團隊、連鎖與利潤這五個核心關鍵元素，以及產業發展的大趨勢。顧客是我們存在的價值，品牌是我們要打造的長期無形資產，連鎖加盟是經營事業的方式，團隊是經營智慧與努力的來源，利潤是維持事業營運的生存條件，經營者則是連鎖事業的理念與策略中心。

第二篇便深入談顧客經營，顧客是品牌的重要資產，顧客因著對品牌的信任，而會優先選擇我們的商品。在OMO虛實融合中的經營思維，更應該以顧客為中心。無論經營模式如何創新改變，顧客的滿意，才是企業長期存在的依據。專注顧客，滿足顧客，這是經營事業的重要核心思維。

第三篇接下來看，我們知道連鎖品牌的價值很高，但在實戰經營時，不可能事事盡如人意，更無法標準化與公式化，要能攻守兼備。所以，在發展過程中，必須清楚會遇上哪些品牌限制與危機。

第四篇談到團隊是重要的無形資產，該如何強化團隊戰鬥力。一群人、一個團隊，跟能打仗的團隊，三者在實戰上是不同的。事業想要有發展，打造優秀的團隊是經營者的必要工作。唯有整合團隊的智慧與心力，才能讓事業有真正的市場競爭力。

第五篇是連鎖系統，探討不同連鎖類型的管理重點與獲利關鍵。看起來都是連鎖品牌的事業經營，但不同連鎖類型之間的經營管理，若沒有區分清楚本質差異，就很難產生效益。無形的服務業，需要靠人傳遞價值，很難具體化與標準化；具體商品的零售業，需要打造完整的管理機制、系統與流程；餐飲服務業，不同的品牌定位，彈性與變化就多變。

第六篇談加盟授權如何正確的策略思考與賺錢。加盟的商業模式很多元，不少國際連鎖品牌，也是靠著加盟模式才成功打造。靠著品牌加盟授權，有些人也真能短期小賺一筆，但多數卻後繼乏力。往往如短暫的煙火般燦爛，然後消失不見。想長期經營品牌的加盟授權，就要有正確的營運觀念與方式，連鎖事業才能長遠。

第七篇是探討連鎖事業的獲利突破，在新零售與數位轉型時代，該如何創造新營業收入與獲利，進而打造所謂巴菲特的知名「資產護城河」。像 Covid-19 疫情這樣整體經濟的震盪後，顧客改變，市場改變，商業模式也要重新再造，企業才有機會突破困境，轉型獲利。

第八篇探討經營者，俗話說「將帥無能，累死三軍」，在找對人與做對事之前，自己必須要是對的經營者。中小企業，多數由經營者掌握事業方向與策略。更直接的說，中小企業的經營成敗，其實80％都決定在經營者。多數經營者每日忙著事業的大小事，但不能忽略了自己該扮演的正確角色與學習成長。

最後一篇，則提供幾張依據專業顧問的思考邏輯，針對內容中的顧客經營、品牌行銷、團隊建立、連鎖系統、加盟授權、獲利突破與經營者修煉等七個主題，設計出七張自我診斷表，提醒讀者在幾個管理構面上，應注意的重要事項。

實務上，多數餐飲與服務連鎖的資本規模較小，如茶飲、美容、美髮等。而百貨、大賣場與超市等的零售連鎖資本規模就大多了。本書撰寫時，主要提醒讀者有關連鎖事業在經營時該知道的核心觀念與原則掌握，並提供相關產業經驗參考，內容觀念均適用在以連鎖型態經營事業的大小企業。但在不同業種、業態、資本與店數規模、商業模式下，自然在經營細微之處有不同差異，還請讀者自行斟酌運用。

撰寫這本書時，剛好橫跨台灣 Covid-19 疫情爆發的前後，所以本書內容有很多針對疫情狀況的應對來撰寫。疫情影響對產業造成的未來發展情況，在尚未全部明朗化之前，企業需要對已經明確的方向多做準備，並在能力許可下嘗試調整。在此提醒幾個比較明確的方向：

1、消費者價值觀與購買習性已經改變
2、整合數位化且能讓客戶安心的服務流程
3、舒壓與解悶，是消費者購買的重要理由
4、因應的商品與服務創新研發要快
5、以客戶為中心，增加更多數位彈性服務
6、組織要更彈性靈活 提高應變能力
7、員工與公司間的僱用關係，需要重新定義
8、數位技能的學習

本書的完成，要感謝過往在職場、學校與商場上提攜與指導的貴人與師長們，這些理論與實務的交叉驗證學習經歷，是本書核心內容的來源。在疫情期間，更感謝遠流出版公司編輯群與同仁們，跟我一起在線上做了很多討論與更新。真摯期望本書提供的思維啟發與實戰經驗，能協助引導讀者在連鎖事業的經營管理上，突破瓶頸且持續獲利發展！

第一章

市場發展與經營力

一．連鎖品牌經營關鍵

David從流通管理系畢業，近年也聽過不少坊間老師的連鎖經營相關課程。但這些課程往往越聽越複雜，越學越混亂。他現在跟朋友合夥經營連鎖事業時，每天忙亂，抓不到經營重點，令他十分苦惱。

連鎖加盟究竟是偉大的經營方法，還是詐騙？為什麼有些外商品牌或上市集團，如麥當勞或7-11超商善用連鎖經營手法，就能不斷擴大事業版圖；卻也有不少人混淆連鎖加盟經營的原意，以暗黑手法吸金操作連鎖事業，或提供品質有問題的商品與服務，不但影響品牌名聲資產，更讓事業瀕臨危機。

大多數成功的經營者，其實都不是靠複雜的理論來經營事業。下圖是一份精簡版的連鎖品牌經營系統架構。只要經營者緊盯著顧客、品牌、團隊、連鎖與利潤這五個核心關鍵元素，掌握彼此的關聯，深入經營事業，自然能夠以簡馭繁，打造優良品牌。不僅能給員工更優渥的待遇，且能持續創造利潤，回饋給投資股東。

顧客第一，員工第二，股東第三，是多數成功企業家的價值觀。正確的品牌經營觀念，即是以顧客為核心，長期累積品牌資產，打造精實團隊，期望追求長遠的利益，並讓企業在穩定中成長。若企業主以短期利潤為核心，想快速做大知名度，不擇手段的獲取利益，則會讓企業體質虛胖，缺乏因應市場競爭的反應能力；一旦碰上較大的市場風險，企業往往就應聲而倒。

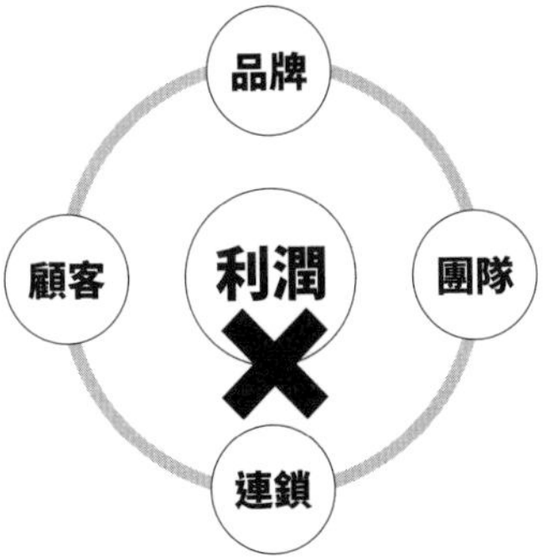

顧客深度經營

企業自己經營直營連鎖店，或創業者加盟知名品牌，品牌的核心皆是客戶。在你跟團隊的群策群力下，以連鎖共利的系統營運，來打造顧客價值認同，讓企業長期獲利。以連鎖方式經營，好處是讓各門市在總部簡單化、專業化與標準化的要求規範下，以一致性的品牌、商品、服務與營運機制，讓各店共同獲利。

很多企業的員工都搞錯了，付薪水養你的是顧客，不是老闆。多數老闆不會在沒賺錢的狀況下，還不斷付薪水給員工。唯有共同有效率的營運企業，持續提供優質商品，才能給顧客更好的價值；顧客因價值而願意掏錢給企業，企業獲利，才有能力持續照顧員工，回饋股東。因此，創造顧客，才是企業存在的價值。

進入新零售時代以後，更是以顧客為核心的經營思維。但別忘了，顧客會成長，也會被市場競爭或替代商品影響，所以企業要與時俱進，提供更好的價值給顧客。顧客的續購、推薦與黏著度，已經是連鎖企業經營時的重點。如全聯、星巴克、7-11

與全家等知名連鎖企業，都專注在客戶社群與會員經營上。因為擁有顧客，就代表擁有市場競爭力。

品牌資產價值

經營品牌，最重要的在於無形的顧客認同價值。這代表顧客對該企業從信任產品價值到信仰品牌精神。如王品、瓦城、全聯、7-11與家樂福等知名連鎖品牌，它們所擁有的品牌資產，不但能主動集客，傳遞口碑，更讓企業擁有抵抗風險的資本。品牌資產，無法光靠砸廣告費來建立，更需要長期累積顧客口碑。

企業的一切，都因創造顧客而存在。企業的行銷廣告做得再好，商品力所創造的顧客價值，才是真正的核心。對美容美髮、房仲與維修等服務型連鎖業而言，服務力就是商品力。商品力，是顧客付費後最直接的價值感受。尤其是在零售連鎖中，商品力若不夠強，投資再多的硬體空間、設施或服務，反而會本末倒置。

經營團隊

連鎖企業在創業初期多數都是由中央管理，總部決定所有的事情。這些初期一起打拚的成員，都跟創辦人擁有共同的革命情感，往往掌控著門市營收的主要來源，多數也會受到創辦人的人格特質與領導風格影響。初期的草莽經營，在企業逐步擴大連鎖營運規模後，必定要招聘更多人才進入企業，但同時就會面對諸多管理上的問題。

新進人才如何有效融入現有組織，才能讓企業向上提升，而非向下沉淪？尤其是空降主管，在對現有企業有許多不熟悉的狀況下，容易造成溝通落差，無法達成工作成果與效益。其次，在連鎖經營管理體系裡，如何建構層層分工管控的區域指導與管控機制效能，善用督導團隊能力，提升第一線市場競爭力，也是值得探討的重點。

連鎖營運系統

連鎖組織的基本單位是營運總部與第一線門市，門市又概分為直營店或加盟店。連鎖經營的重要關鍵成功因素在於規模效益，它代表著品牌聲量、市占率、涵蓋客戶範圍與採購競爭力。因此布局展店，也成為企業高層策略思考的重大議題。

各大連鎖品牌的發展歷程不同，自然擴展模式也各有所異。大型超商連鎖業者，多數是直營與委託加盟；輕資產的茶飲連鎖，則多數是採自願加盟制。根據媒體報導，本土超市第一品牌全聯，在連鎖競爭策略上，採取「鄉村包圍城市」的戰術，這是經過多次成功併購後的直營寄賣模式。法商家樂福也在直營發展到一定規模後，併購頂好與Jason，藉以做品牌多角化策略調整。

資訊系統與科技設備是連鎖規模發展過程的重要大事。從門市前端、營運後勤、總部營運到供應鏈管理，收集相關情報、分析、策略與指令，都要靠資訊系統來傳遞、分析與管理。面對規模化後複雜度提升，更需善用科技設備來降低人力成本與人為的服務變異性。只是別忘了，科技來自於人性，科技無法替代品牌價值的溫度。

企業合理利潤

獲利，是每家企業營運時的基本條件。一家公司的產品要好，在市場的銷售毛利額也要夠，不然產品活不久。門市來客數再多，若不能盈利，代表整家店不是管理出問題，就是期初投資規畫時地點與量體規模不對，注定是一家賠錢的店。

門市獲利，可以從門市現場賺錢，也可以從供應鏈賺錢。進貨的商品好賣，毛利也不錯，交易條件又對我們有利，就能前後兩端都賺錢。在新零售時代，以客戶為中心、虛實融合的營運模式中，銷售業績公式可以簡單表示為：

業績＝客戶流量×購買轉換率×客單價×回購率

其中客戶流量是以客戶為中心，包括全通路的客戶來源。

連鎖品牌獲利經營，要從賺「機會財」，進化到賺「管理財」。在擴大規模後，能夠善用知名投資家巴菲特所謂的無形資產與成本、規模與地理優勢，以及高轉換成本與網絡效應等六種「護城河」概念，才能創造企業品牌發展的保護傘。

顧問的提醒

◇付薪水養你的是顧客，不是老闆。

◇品牌資產，無法光靠砸廣告費來建立，更需要長期累積顧客口碑。

◇連鎖經營的重要成功關鍵在於規模效益，它代表著品牌聲量、市占率、涵蓋客戶範圍與採購競爭力。

二・新零售與數位轉型下的連鎖品牌

你多久去外頭餐廳用餐或到賣場購物一次？還是都到社區門口取貨？肚子餓了，手機拿來點外送嗎？以前，都到熱鬧市區逛街；現在，每天可能多數時間都在滑手機逛線上商城，或是超方便的電視購物。

在行動科技的成熟普及，以及Covid-19肆虐下，新零售與數位轉型已經改變傳統連鎖零售與餐飲業的經營思維，不僅帶來在家用餐、外帶與外送、以及安全安心購物的消費者需求，也引發對行動購物與外送平台的商機趨勢。像是近年來，Uber Eats與Foodpanda這些外送平台興起，它們雖然沒擁有一家餐廳，卻可以整合數以萬家的餐廳，做起餐飲業的大生意，改變業界整個生態。問問周遭的親友，最近兩個月使用過幾次手機APP購物?使用過幾次餐飲點餐機?頻率已經大大超過以往了。

餐飲業的因應方案,除了在門市的數位科技化之外,也將餐點商品化,上電商、外送平台或自有通路上銷售,如速食乾麵或加熱料理包等。傳統零售連鎖所販賣的價值,光靠店數擴增與人性服務來提供的便利性已經不夠了。消費者更在意跟品牌接觸與購買前、中、後的五感體驗。創造客戶對品牌的好體驗,是現今連鎖業經營的顯學。

品牌間真實的競爭市場,其實是在客戶的腦袋以及口袋。數位轉型已經不是未來趨勢,對企業來說已經是迫在眉梢,無法閃避的變革。而且要比誰調整轉型的速度快,誰能更快掌握客戶已經改變的購物心理與行為。

新零售的品牌思維

面對消費者生活型態與對價值認知的改變、網路環境變化與生活行動科技化習性等，零售業要創造的客戶價值也不斷被重新定義。品牌必須要把給客戶的虛實體驗，在面對消費者的各個面向上都能有效傳遞品牌價值。

二〇一七年，阿里巴巴集團的阿里研究院發表〈新零售研究報告〉，將新零售的概念整理為一句話：「以消費者體驗為中心的數據驅動的泛零售形態。」新零售是結合了電商、實體賣場和倉儲物流的零售，透過數據的統整與結合，不受地區、時段、方式的限制，全面掌握消費者的需求，並優化消費者體驗，最後將使傳統零售的B2C（business to consumer，商家對消費者模式）轉向為C2B（consumer to business，消費者對商家模式），達成事先洞察消費者的需求，再進行生產與銷售。

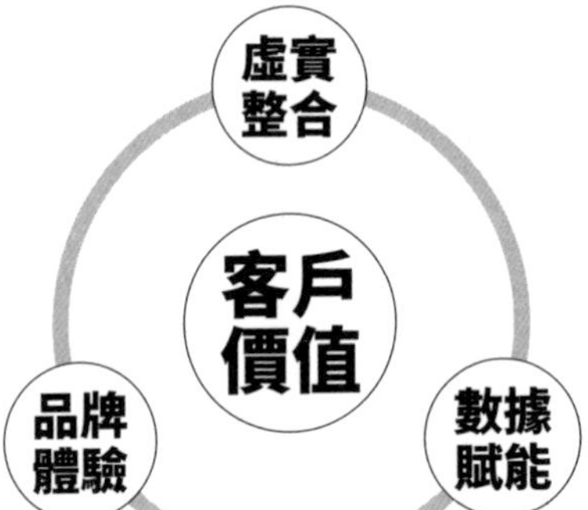

從阿里巴巴收購發展的生鮮超市盒馬鮮生，可

見「生鮮食品超市＋餐飲＋電商＋物流配送」的多業態集合體，開始引領新零售風潮。不少台灣常見的品牌，也紛紛以不同類型的數位科技導入，搶搭新零售的列車。像是統一集團的7-11無人商店Xstore、麥當勞與肯德基的自動點餐機、亞尼克的YTM、家樂福與全聯的線上商城等。而Uber Eats與Foodpanda等外送平台，更是引發餐飲業的大變革。

數據賦能是新零售的重要思維，內部的數據管理只是基本，重要的是要做到外部的精準行銷。數據最難的不是分析，而是在解讀判斷後的運用。否則，數據越多，你的包袱只是越沉重。如何掌握顧客畫像，做到主動推薦，對企業的幫助就更大了。落後指標的數據，只是經營的結果，數據中能預測與提供建議的領先指標，對中小型企業更有幫助。

疫情中的新零售

Covid-19疫情的發生，現在還看不到結束的盡頭。每天確診人數的起伏，讓百姓、官員與商人都在忐忑不安中度日。或許我們的日常習慣都會被改變，經濟與產業也都回不去了，部分產業與商家更勢必熬不過，一些員工被迫離開職場，重新思考未來的下一步。但無論商業結構、消費行為、客戶習慣、產業供應鏈、市場競爭態勢、工作方式等樣樣都被改變，已經有不少人不願坐以待斃，開始嘗試突圍了。

因為疫情，企業突然發現常見的客戶一下子都消失，這才開始警覺，原來企業的競爭力核心，是持續創造顧客的能力。當客戶在家消費變成常態，在隔離、防衛性高的消費空間裡，如何重塑讓客戶安全與安心的消費空間，已經成為實體通路經營團隊熱烈討論的議題。企業也開始積極以各種虛實整合的方式去獲取「客戶」，真正體認到客戶是企業的重要資產。O2O（Online To Offline線上到線下）、OMO（Online-Merge-Offline，線上和線下融合）、訂閱制與會員制等，都是連鎖企業經營者該深入研究的課題。

儘管新零售可能會因疫情而重新定義，消費者認知的價值也會改變，但，非接觸式的產品或服務、數位轉型、遠距工作、數位學習等，大致上的大方向跑不掉。市場看似崩盤，但也代表著重新洗牌，新機會的產生。

然而，在以數位科技強化品牌實力的過程中，企業千萬別因為科技化而科技化。數位科技的習慣使用者，多數還是在年輕族群身上，年長者多數還是在乎實體空間與服務的體驗價值。當然，在嚴峻的疫情下，會增加不少人投入數位科技的中度使用陣營。最終，品牌價值還是要回到「目標客群」與「品牌定位」來決定。

顧問的提醒

◇數據賦能是新零售的重要思維，最難的不是分析，而是判斷後的運用。
◇新零售的出現，市場看似崩盤，但也代表著重新洗牌。
◇經營者別陷入新管理與新科技的迷思。對事業的未來想像，要能轉化為假設，再逐步做市場驗證。

三・OMO營運機制與門市轉型

一個年輕的上班族，去麥當勞吃早餐時，到門市的「數位自助點餐機」點餐。想買些電子書或文具時會上博客來官網下單，下班順路去 7-11 領貨。下午開會想喝飲料，在 Foodpanda 點外送，快速又方便。假日想學新的技能，有很多線上課程可以選——假日已經跟健身教練約好，安排線上運動塑身計畫了！

疫情對實體門市業績帶來極大衝擊，幾乎是腰斬又腰斬。尤其是台北市知名的東區商圈，不但來客數明顯大減，包括服飾品牌 Superdry、Forever21 與 SPAO，日藥本舖、SASA 等藥妝美妝店，鐘錶品牌 Swatch、FOSSIL、OMEGA，以及餐飲名店糖朝、葡吉小廚、永福樓等，都紛紛關店停損。

因應疫後未來市場的變化，企業該如何提供更適合客戶的商品組合與服務？未來的通路發展上，實體與數位通路的比重是多少？內部營運流程要做哪些變更？員工需要培訓哪些新觀念與新技能？社交距離的規範，雖然改變了消費者的購物習慣。對品牌來說，危機卻也是轉機。

在疫情持續延燒時，各大品牌紛紛重新思考，未來要如何因應這樣的市場變革。疫情加速，使不少品牌業者開始重視OMO的發展。如cama、全家與La new幾個大型連鎖品牌，早已未雨綢繆，發展以會員為中心的OMO

OMO新零售建立

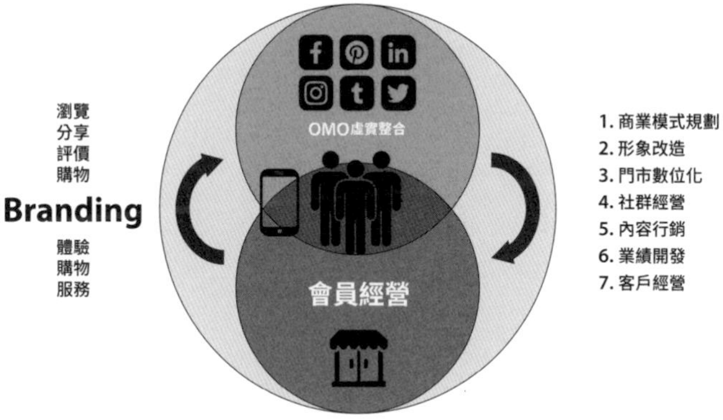

轉型計畫，對企業發展的貢獻也十分顯著。

OMO 意涵與挑戰

二〇一七年，李開復先生在《經濟學人》上提出「OMO 虛實融合」概念，指出「未來世界即將迎來 OMO 且將對經濟與消費生活帶來改變影響」。OMO 強調精準行銷，重視顧客體驗，以「人」為策略核心，將線上、線下進行消費旅程重新整合配置。目標在提高與目標客群的溝通精準度，強化對品牌的價值感受，提高顧客黏著度。

以前產業內談的是 O2O，也就是把網路的消費者、會員，引導到實體商店，讓網路數據流，轉換成實際的人流，進而提升門市業績。OMO 則以人為核心，布建全通路經營（Omni Channel）與銷售服務環境，同步掌握線上線下與顧客相關的購買與相關活動紀錄，著重在與客戶溝通，能迅速掌握每位客戶的需求，提升購買體驗。也能主動做精準營銷，定期推播個人化行銷內容，以培養品牌的忠實顧客。

前面提到的「精準營銷」是OMO的關鍵字，以人為核心，能精準的與目標客群溝通對的事情。但在連鎖店的數位化轉型經營上，台灣許多品牌面臨的最大挑戰是線上線下的兩端通路不容易「融合」。以前的連鎖品牌廠商，能掌握到的實體營運資料，多來自營業門市端的POS系統（Point of Sale，如收銀機等銷售時自動讀取設備）輸入的交易資料中能被分析的，也是交易中相關的進銷存資料。參與會員制的客戶才會被要求填寫會員資料表，並讓員工手動輸入會員系統裡面。

網路電商的會員系統，卻是要求客戶使用行動電話、email或社群帳號，來建立會員帳號。也因此線上線下有兩套系統跟資料庫，光是整個轉換過程就很不容易，不但難以掌握完整的客戶輪廓與消費紀錄，更不要說要有精準推廣的行銷效益。大型超商超市或連鎖門市，面對這樣長期的會員經營體制變革，往往需要「打掉重練」。舉例來說，cama café已有一八〇家門市，累積無數的客戶消費紀錄，在二〇一八年推出 cama APP 做為經營會員的起點，同時將 APP 與 POS 系統打通串接，落實 OMO 經營模式。

疫情後的實體門市轉型

對連鎖品牌來說，經營者期望電商通路能為實體門市所用。但根據過往經驗，在線上消費頻率高的客群，相對的到門市購買轉換率就較低；在線下與品牌互動頻率看似較低，不但購買轉化率高，其實購買忠誠度也較高。「新零售」以消費者為核心，著重於優化顧客購物體驗，並使線上、線下界線逐漸模糊。

例如全家將「線上購物官網」與「線下實體門市」進行深度整合，消費者可以利用「全家行動購」APP 進行預售兌換、線上支付，滿足不分虛實的消費需求。品牌 Slogen 也從「全家就是你家」進化到「人人手上都有全家」，打造購物需求上的虛實融合消費環境，讓每個人都能成為全家的「超級客戶」。

再舉例來說，消費者在網路上接收到美妝廠商的品牌、商品或活動資訊，可前往實體門市試用、諮詢並直接購買，或是回家考慮後在官網下單，甚至半路上就可以直接在手機上的官方APP下單。過程中，廠商能將官網、APP與實體門市的顧客資料同步，方便未來跟客戶相關的資料管理與行銷運用。

如此線上線下整合的目的，讓顧客習慣跨通路消費，無論是在門市、官網、APP等管道消費或接受服務，都能獲得一致的品牌價值體驗。以客戶為中心，無論是開發新客戶、熟客回購或評價推薦等，目的都是要刺激客戶購買，並藉由數據分析，提供個人化銷售與服務，方便品牌的精準行銷。

OMO如何簡單做

既然OMO的價值是給消費者一致性的品牌購物體驗，因此不只是品牌印象的經營，更重要的是能促進陌生客群初次購買，以及品牌消費者的續購、好評與推薦。經營上，經營者要思考如何有效掌握會員、數據、銷售與商品這四大元素，讓虛實營運能完整融合。

在企業做OMO的轉型過程中，一般中小型連鎖品牌往往會受制於組織變革不易與系統的高投資門檻。所幸現在多數廠商開發的相關軟體系統，早已雲端化且以分期支付的租賃方式在營運，短期內可以降低品牌不少投資壓力。小品牌的發展策略，建議可以「大題小作，小題分階段作」。變革初期，需要有短期戰果給組織內部建立信心，以成為長期改革的動能。另外，建議在提高品牌形象前提下，以市場導向去掌握銷售業績、商品力、數據資料與有效會員規模這四個變數。

以下提供幾點專業顧問在中小型連鎖品牌「OMO新零售建立」這個項目上的實務輔導建議：

1、初期的規畫重點在OMO商業模式規畫、品牌形象改造、社群建立與數位行銷這四件事。

2、新商業模式要以轉變後的客群心理與行為做依據，除了商品組合調整外，也要審視新的服務流程，是否能創新加值。

3、實體門市或網路社群來的客群，要安排階段式的會員化，以掌握有效會員資產為首要目標。重點在讓會員能認同品牌、願意購買、給予正面評價、主動推薦、參與品牌活動等的具體活動上。

4、「數位」是讓門市營收起飛的無形翅膀與運用工具，但實體門市要數位化，卻不能陷入電商化的迷思。

5、品牌形象在實體與線上，皆需要更新提升，讓品牌風格有一致性的形象設計與客戶認知。

6、藉由整合網路社群，做好內容行銷，才能掌握更多穩定的客流量進來門市做消費體驗。客戶購買、推薦與續購等主要的營收模式，會以客群在現場或行動購物為主。

7、數位行銷上，會藉由品牌內容行銷與網站SEO搜尋引擎最佳化方式，來跟不同類型的客群溝通。

8、針對業績來源的新客戶初購、老客續購與推薦新客，可以用租賃式的一頁式網站，搭配銷售文案來刺激購買。等規模做大了，再考慮更多的資訊科技投資。

9、調整虛實通路布局後，重點還是在建立品牌的自有通路，掌握客戶流量，並藉由整合營運服務，獲取客戶對品牌的認同，打造出競爭者無法輕易取代的事業門檻。

顧問的提醒

◇OMO的關鍵字是「精準營銷」，以人為核心，精準的與目標客群溝通，完成線上、線下品牌價值體驗一致的目的。

◇經營者要思考如何有效掌握會員、數據、銷售與商品，讓虛實營運能完整融合。

◇別為了數位而數位，為了競爭而競爭，忘了提供客戶更好的品牌體驗價值。

四．連鎖經銷商的突圍轉型

「我們的藍芽耳機代理權早就沒有獨家了，原廠自己在台灣設立分公司，南北各給一家公司做區域經銷商。我們要自己養業務團隊，全台灣鋪貨做服務的，辛苦那麼多年，才建好連鎖銷售網絡與服務體系。如果不想個辦法找出不可替代的價值，怕會被原廠換掉。」

「顧問，你來幫我們診斷這一批針對嬰幼兒清潔用品市場所開發的新產品。這個市場還有發展空間，而且跟現有客户不衝突。」

以前在台灣的經濟奇蹟之下，內銷市場造就不少進口品牌代理的蓬勃市場，如汽車、機車、鐘錶、服飾、藥品、廚具與食品等。然而，面對市場競爭與電商興起，早已有不少代理商紛紛轉型，期望發展自有品牌，不想被原廠掐著脖子走，因此成立自有品牌後，不但有百貨櫃位，更有品牌街邊店。部分針對年輕族群市場的品牌，更在網路電子商務通路，殺出自己的一條血路。現在，面臨新零售虛實市場的競爭，目不暇給的變化，其實壓力真的不小。

傳統代理經銷

品牌代理商手上擁有好的進口品牌，代表著商機，更代表著業績壓力。例如名車BMW、Benz與Audio等汽車代理商，每年要扛足夠的目標銷售量，不但要幫原廠賣車賺錢，有些行業還要分錢給通路經銷商。代理商最重要的大事，是如何做好經銷商管理，提供行銷廣告、人員培訓、輔銷工具與激勵活動，讓店家與銷售團隊動起來，達成各種目標。

代理商做不好，會被競爭者換掉；做得太好，也怕被原廠覬覦，直接在當地設立子公司。如此一來，代理商跟原廠進貨，其實要先跟原廠的子公司下訂單，再由子公司跟原廠下訂單，之後才會走出貨流程。等於代理商在當地的所有業績，都要讓子公司先賺一手。代理商的價值，在價值鏈中被替代，若沒有自己想辦法打出一條路，只能逐漸被市場弱化或消失。

以前，代理知名品牌，有成熟的商品，市場接受度高，還有原廠的經驗可供參考；現在，代理商想轉型發展，卻常不知道該如何有效轉型。想走向自有品牌，但對操作一個品牌的 Know-how 不熟，手邊也缺乏這樣人才。

轉型該有的認知

代理商的轉型問題已經談了很多年，但還是有不少代理商在觀望。其實，轉型最重要的是心態歸零，更需要的是有信心。代理商若仗著自己是財大氣粗的大公司，心態不願意改變，轉型就會困難重重。以往搞定經銷商就好，而且也習慣賺大錢了，要自己下來做品牌，需要累積小錢，反倒不太容易。以前當代理商時，會覺得自己的產品毛利不錯，現在發現自有品牌要進通路，品牌行銷費用比想像中的高，才發現沒那麼好賺。整個組織變革裡，最難的就是如何歸零。原有成功的組織官僚文化，以及自以為菁英的團隊，都需要重新學習。

不但商業模式要轉型，業務管理方式更要轉型。代理商要思考在自己既有的經銷通路裡去發展新產品。此時，首重在了解掌握消費者的購買習慣，善用經銷商通路，借力使力去打造自己的品牌。

市場不斷在改變，消費者變，競爭者變，通路也變。傳統實體通路面臨電商競爭洗禮後，現在又要面對行動網路科技下的新零售競爭。然而，布局通路還不難，難在推動銷售的力量，要從哪邊引「勢」。代理商在轉型發展之路上問題重重，不過，

大概可從下圖四個方向來解決。

如何有效轉型

首先是入股合作。品牌原廠成立分公司直營當地市場，本土代理商或大經銷商若能爭取入股分公司，就能共享獲利成果。其次，提升經銷據點實力，包括業務團隊實力的提升、精華銷售據點的卡位與虛實的行銷實力等。

再者，可以發展多品牌策略，以代理通路類似、客群卻不衝突的新品牌擴大營運規模效益。也就是說，不要把雞蛋放在同一個籃子裡，降低單一品牌做大的風險。最後，才是轉型成自有品牌商，發展自有品牌，做自己的產品，把命運掌握在自己手裡。

根據媒體報導，淞運泰是知名寵物食品的代理商，也是法國皇家飼料代理商（一九九九～二〇一八），更代理過寵物用的美國神效專利去毛梳、英國

VetPlus、VIYO（寵必優）。近年，因應市場競爭狀況，成立了台灣的研發團隊，自創品牌 Avender（阿凡達），進而提高品牌的市場競爭力。

總歸來說，多數代理商轉型之路會碰到的問題，首先是信心與心態，因此經營者要讓團隊有破釜沈舟的信心。其次，找到區隔市場的利基產品，讓一個品項做到市場前兩名，才能讓自己站穩腳步。最後，面對新零售時代，也要適應消費者購買習慣的改變與通路的虛實整合。

顧問的提醒

◇轉型，難在組織心態與習慣的改變。

◇轉型首重在了解掌握消費者的購買習慣，善用經銷商通路，借力使力去打造自己的品牌。

◇在轉型發展之路上，代理商難在推動銷售要從哪邊引「勢」。

五．加盟總部的突圍關鍵

手機上我的 Line@ 上跳出一個訊息：「陳顧問你好，我經營了一家連鎖茶飲品牌，現在有三家直營店和九家加盟店。最近發現公司的管理制度很亂，市場競爭又大，想找顧問輔導。」

台灣以連鎖品牌發展事業的市場中，加盟類型的品牌占比最高，多數都是茶飲、早餐、午晚餐與輕食等餐飲類別。尤其是茶飲類的連鎖加盟品牌，如日出茶太、歇腳亭與 CoCo 等，更在世界各地發展品牌授權事業，與當地的優秀品牌代理商，創造另類的台灣奇蹟。

多數餐飲連鎖加盟品牌，是以「自願加盟」的型態發展。特色是加盟店可以共用總部的品牌形象、產品與Know how；加盟主則要自己承擔投資風險。總部的長期收入，主要來自商品或原物料的供應，部分總部會連店面的裝修設計與設備提供，都一併承包下來。對缺乏經驗的加盟者來講，等同是買下一家建置好的標準店，總部除了可以掌控硬體品質外，自然也賺取額外的利潤。

「自願加盟」的餐飲連鎖品牌，展店業績成長快，但跟總部的關係卻是弱連結，總部的控管力量較低，常常發生不少問題與糾紛。面對這樣的企業老闆來諮詢，以下要分享專業的經管顧問從組織現況、商品通路、市場競爭、加盟品質與總部管理等五個面向如何做初步了解與分析，希望藉此能提醒經營者更多的思考觀點。

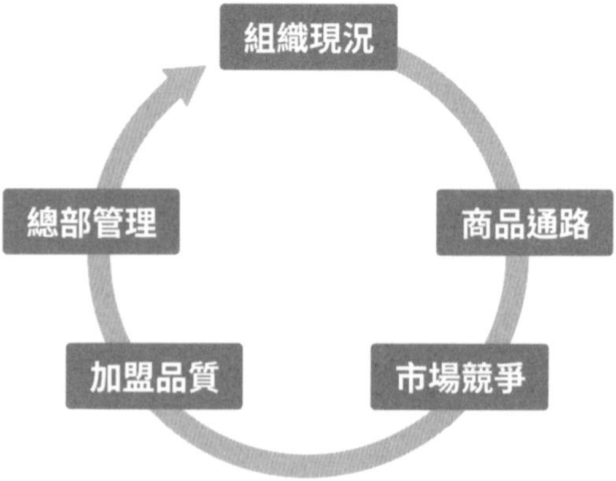

一、組織現況

經營以人為主的服務業，自然要優先考量組織的強弱。組織的編制、職務執掌與工作內容的劃分，是否已經涵蓋了該有的工作需求？

重要職務的負責人，如店經理、展店主管、區督導與總部主管等，是否有足夠的職能去承擔這些工作？在創造營收、營運服務與後勤支援這三者間的比例，是否合理？團隊成員中，老幹新枝的組合是否為真正有戰力的忠誠團隊？

常見的空降專才職位，多數會位在展店經理、營運督導與財務長等職位，他們融入組織的程度如何？原有成員是否能彼此包容學習？還是各吹各調？每家公司都有獨特的ＤＮＡ，發展的策略也不同。你是模仿標竿同業，還是已經找到自己的優勢舞台？就像100％去複製麥當勞，一定不會成為麥當勞。企業的管理體質要夠好，才能承載著團隊的發展願景前進。

數位科技運用能力，也是現在人才技能的顯學。因此要評估組織內部成員：經營者是否知道在數位科技的商業模式中，如何提高企業價值？主管是否知道如何善用數位科技做好營運管理與品質要求？第一線同仁，是否也都熟悉相關的操作？

二、商品通路

門市的所在商圈與立地條件，往往就決定了主要的客戶流量品質。開在台北市信義區，自然高收入高消費的客群多，但租金與人事成本也不低。因此要問：商品與門市的集客力是否夠強？商品開發的成功率多少？在市場上的接受度高嗎？能持續多久？客單價在市場的價位，是否有銷售量上的競爭力？品牌是否在目標客群的社團與社群中，擁有正面的口碑與推薦評價？社群意見領袖是否也支持我們的產品？

在通路部分，大多數加盟品牌仍以門市型態經營為主，營收與獲利狀況如何？門市所在的商圈發展，是否對總部有利？與 Uber Eats 或 Foodpanda 外送平台的合作方式，對總部的營收與利潤是否有正面影響，還是不得不做？若有發展自有品牌商品，就要觀察是否有能力經營自有品牌的雲端門市？或是需要付高額費用給大型電商平台。

三、市場競爭

先問自己：市場大環境的力量是否站在總部這一邊？譬如，在健康趨勢下，自家商品研發是否跟著趨勢走？還是從定位上去鎖定客群？在市場上同個競爭領域的品牌定位，是否占有優勢？像是鮮果茶飲品牌已經面臨紅海競爭，你有什麼加入競爭的優勢？現有的利潤狀況還能發展多久？營業額提升的同時，毛利是否能夠維持，是否已找到更多利潤的來源？此外，主要目標客群、優勢領域、戰略區域與產品開發等，是否已清楚討論、評估且了然於心。

在疫情的逼迫下，數位科技已成為企業經營的標準配備，各企業的導入運用速度更快了。要是連數位科技都落後同業，可能連上台競爭的機會都沒了。貴公司要跑在改變的前頭，或是苦苦追趕，還是呆坐等死？

他山之石可以攻錯，成功卻無法模仿。別被階段性的風潮與流行所塑造出來的名牌表象迷惑，而去衝動模仿抄襲。企業可以參考概念來修改調整，但是否能堅持走向自己有優勢的路，開發具有自我品牌特色的商品？還是容易跟著市場風向，隨意搖擺？

四、加盟品質

加盟體系的體質強弱，主要先評估幾項結構上的重要指標。例如加盟與直營數量的相對比例是否合理？屬於弱連結特質的自願加盟店，店數規模越多，往往也代表風險變數越多。當加盟店數稍具規模時，總部是否有能力照顧商品、服務與食安的營運品質？像是「清玉」的黃金比例與「英國藍」的農藥殘留問題（見第一一八頁說明），都曾帶來慘痛的教訓。

此外，直營門市的獲利狀況如何？是否急著大量招募加盟店，轉嫁獲利風險？還是願意老老實實經營事業？實務上，將直營門市的管理程度打折後，加盟店的管理品質，是經營者可以接受的標準嗎？門市設點的布局策略是區域深耕商圈？或是只要有人願意捧錢加盟，就到處撒網展店？加盟店的續約比率、持續進貨量、獲利狀況與對管理配合度等，也是診斷的重點。

五、總部管理

評估總部的管理體質，損益表與現金流量表只算是基本且重要的分析，不但要及時，而且要正確。不少加盟總部經營者往往只是手上現金夠，但連真實狀況的損益表也沒有。另外，資訊管理系統除了每日統計POS收銀機的營收總數，是否有能力做好營收分析？進銷存是否清楚？成本毛利能掌握？這些基本事項，其實都代表著總部的管理能力。

營運流程上，總部管理是否能及時支援前線？並在合理的成本與流程管理下，快速滿足門市需求？快速成長卻營運混亂的品牌總部，多數忽略內部橫向溝通管理，包括目標管理、預算控制、會議溝通與報表管理等。這些管理工作的落實，才代表總部有能力從市場「機會財」升級往「管理財」方向走（見第二四六頁說明）。

顧問的提醒

◇每家公司都有獨特的DNA，發展的策略也不同。企業的管理體質要夠好，才能承載著團隊的發展願景前進。

◇他山之石可以攻錯，成功卻無法模仿。別被階段性的風潮與流行迷惑，而去衝動模仿抄襲。

◇管理工作的落實，才代表總部有能力從市場「機會財」，升級往「管理財」方向走。

第二章

顧客經營

一・後疫時代的客戶經營

一家高級餐廳不敵疫情的摧殘，倒了！反正，很多人在家上班，叫外送的餐點或食材都很方便。老闆親自主持的視訊會議中，除了討論如何調整客戶服務流程，提高商品與服務的競爭力，會議中，老闆更明確宣示：「誰贏得客戶，誰就擁有市場競爭力！」

Covid-19對連鎖服務相關產業的經營影響極大，在疫情高峰期，多數實體通路與門市幾乎是門可羅雀，不少撐不下去的品牌陸續倒閉或移轉主力營業據點。這次疫情的影響會是長遠的，企業無一不在想辦法調整體質，面對未來的新挑戰，數位轉型與科技化也因此成為各產業的熱門議題。

店內自動點餐機、外送平台、數位支付與線上會議等，企業與客戶之間的零接觸模式成為關注的重點。原來的門市實體場域營業模式移轉到線上行動服務，品牌因應數位轉型，也要重新建立起數位業務與管理體系。以客戶為中心，將虛實通路融合來提供客戶各種交易活動。

無論市場發展與競爭如何改變，數位與實體場域的比重多少，「有效經營客戶」才是企業的大事。疫情之後，企業該開始體認到，原有的成熟商業結構，竟是如此的脆弱；而客戶資產，原來才是最重要的企業資產。

客戶價值的意涵

客戶價值對企業來說，指的是顧客能夠對企業做出多少貢

獻，也就是顧客能讓企業在過去、現在與未來，直接或間接賺到多少錢。一般企業會用客戶過去的消費記錄，推估未來銷售業績的可能性，再去累積計算客戶的潛在累積量化價值；間接部分則是指因為客戶的正面評價與分享推薦，而帶來多少價值貢獻。

若由顧客角度來看，顧客價值指的是品牌所提供的產品與服務，能夠為顧客創造多少價值。這個價值若是以物超所值來看，往往指的是CP值（Capability／Price），也就是性能（功能）與價格的比值。若是以感受的價值（Value）來看，就是指客戶的感覺、感受與體驗價值有關，這樣的客戶價值就較難量化管理。

客戶價值與市場定位有大相關，品牌價值要定位在對的客戶價值上，並經過市場的長期考驗後，才會有品牌價值的累積。品牌對客戶價值的定義，會隨著市場改變而做不同的詮釋，但核心價值往往不會有太大改變。例如連鎖超商賣的客戶價值是「方便」，大賣場的價值是「一站購足」，超市是「好鄰居」。這些客戶價值的基本，往往靠行銷、購買與服務這三個基本元素來累積。

連鎖品牌中的客戶價值，依據客戶涉入多少會區分兩種類型。一種是產品本身有流行性特質，如茶飲連鎖品牌的CoCo、50嵐與一芳等。多數客戶是因為品牌知名度、產品力與方便性來消費，以外帶與外送為主。這類客群較不穩定，對品牌的忠誠度往往也沒有那麼高。

客戶涉入較多且具技術含金量的連鎖品牌，如醫療、美容、金融與內用型餐廳等，客戶期望的服務多數都需要較深的技術層面與客製化的個人服務，對品牌信任的依賴度也就比較高，客戶價值較容易被量化計算。此類客群變動的穩定性較高，重複購買率也高。然而，無論商品價值認知與金錢的使用習慣，面對不可知的未來，消費者將變得更為保守，消費意願也自然降低。尤其在奢侈品與高價商品上，衝動性購買的意願降低，轉變以理性滿足日常生活所需為優先。

日常消費支出上，消費者會更在乎商品的實用性，而非過度的包裝，主客群也將更注重購買環境的安全性，比方像彰顯無形價值的高單價感性商品。以往不少消費者喜歡在有氛圍的場域中悠閒逛街消費，但未來客戶會更依賴行動科技、電子商務與線上支付。在購買決策上，也會更在意網路社群的商品評價與推薦。

新零售時代的客戶資產

「客戶」是企業的重要資產，卻沒出現在資產負債表中。在企業以賺錢為目的的思考下，對自身企業客戶群的組合結構，必須有清晰的認知與掌握。我們可以把客戶池中的客戶群概分為準客戶、嚐鮮客戶、成交客戶、回購客戶與推薦客戶；也可以依據現有客戶對企業的利潤與口碑貢獻度，再做精細的分類與比較。我們要不只在乎客戶資料，更在乎客戶輪廓與圖像。我們搶的是客戶購買的優先選擇。

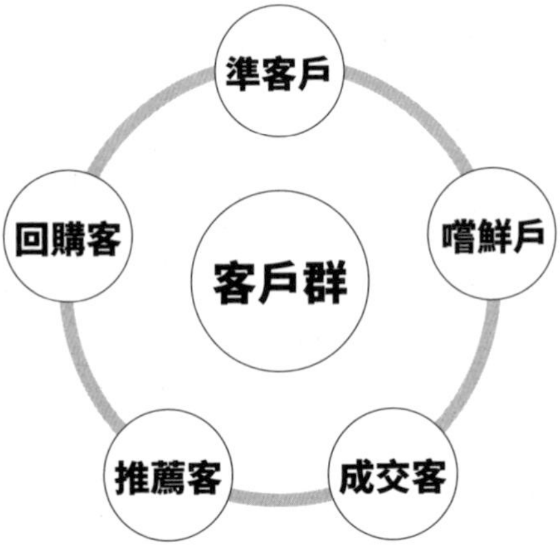

新零售的本質，就是數據驅動。新零售的全通路思維，以線上、線下的場景，建構與客戶的各種接觸點，並創造客戶的體驗價值，並以數據來打通人、貨、場的三個零售元素，運用數據去精緻化人、貨、場的整個交易結構。我們掌握數據，藉以更熟悉客戶樣貌，預測客戶行為，進而做到差異化與個性化的服務。

經營品牌的思維轉變

談到顧客經營，不免還是要談「品牌」這件大事。不只是商標形象設計、媒體廣告與公關活動，無論是以數位與實體通路型態去營運企業，重點在企業擁有多少客戶的正面認知與購買意願。品牌有競爭力，其實就等於擁有客戶價值的競爭力，不光靠行銷活動的吶喊，客戶是否就能感受到商品與品牌價值？是否願意主動購買且持續來買，或線上給予正面評價，具名推薦他人來買？

短時間內，市場回不去過去榮景，無論經濟或人心，一切都改變了。當多數客戶已經改變購買行為，以及對商品價值的認知，餐飲外送通路平台也趁這波疫情快速興起。企業要儘快適應改變後的數位新世界，包括新的客戶習性與通路行為，這些都需要經營團隊重新思考。歷史證明，看似強大者，未必能活得久，而是適者生存。

疫情期間，Uber Eats 與 Foodpanda 等外送平台在餐飲市場上逆勢興起。但因業績抽成比率不低，對商品單價低的小吃商家而言，只是緩解短期壓力。這股外送的商業發展力量不容忽視，比較實務的作法是針對使用外送平台的客群開發適合定位的商品與價位。若擔心外送服務影響到品牌價值，除了開發新商品外，更可以考慮發展子品牌去區隔市場。有規模的知名連鎖品牌，如麥當勞與肯德基早就有外送服務外，摩斯漢堡更大舉添購數十台電動機車，自建外送車隊，確保品質與服務能量。

很多原來設立在 A 級商圈地段的商家，因疫情影響，客戶入店率大幅降低，紛紛移轉到租金較便宜的二線地段。未來，大型連鎖品牌會以大坪數的店做為品牌體驗，發展小型精緻的衛星店與網路商店。而小店則會整合現有網路社群工具與電商，提供客戶更安心與方便的購物環境。

顧問提醒

◇「客戶」才是企業的重要資產。新零售模式不只要在乎客戶資料，更在乎客戶輪廓與圖像。

◇品牌有競爭力，等於擁有客戶價值的競爭力。

◇面對現今客戶認知與市場競爭的改變，過去的成功模式早已不適用於新時代潮流。以客戶為經營思考中心，才能超越客戶的期待。

二・新生態商圈經營

「開店的三個成功關鍵是：地點、地點、還是地點。但這個觀念在過去是對的。」我在一場企業內部店長培訓時，回答一位店長的問題：「但在未來，主客户群在哪，商圈就在哪。客户在哪下單購買，門市就在哪。也就是說，主客群常出現的網路社群，可能就是你的商圈。手機上的購物APP，就是品牌的行動門市。」

一家店能不能經營獲利，開店「地點」是一個重要因素。一個好地點，代表以合適的租金成本取得期望的來客流量。所以，傳統的商業智慧說開店賺錢有三要素：第一是地點，第二是地點，最後一個還是地點。占有好地點的店面，我們稱之為「黃金店面」，可想而知，「地點」這個變數在展店過程中的重要性。只要產品與價位不輸人，好地點更代表營業收入的一定保障。

商圈地點的選擇是一門大學問。就算是知名連鎖品牌，如星巴克咖啡、燦坤3C與鬍鬚張滷肉飯等，也會碰上地點不佳而經營不順，面臨移轉店面或閉店的問題。可能是客流量的規模不如預期，商圈的人潮移轉速度比預期的快，或是太多競爭者進入同一商圈來分食市場等。

地點選定，同時也代表你選定了客群與客流量。因此，有些新興品牌為了避免選錯的龐大代價，直接拿知名品牌的門市位置來當地標參考店，還可以順便分食知名品牌門市商圈的客流量。如cama咖啡就以星巴克咖啡的門市地點，做為選擇地點的重要參考指標。

地點選擇分析

選擇好地點時，一般都會先考慮到客流量、店面與租金條件，還要考慮產品屬性與價位。首先，要先仔細研究商圈和實地勘查，鉅細彌遺的去掌握商圈細節，是否能感受到人、事、錢與訊息傳遞的脈動。商圈是活的，人潮、地標與競爭店，都是會變的。例如台北東區的商圈人潮，這幾年來逐漸往復興南路移轉。更重要的是，要仔細觀察適合你產品與價位的目標客群，相關的規模、流動方向與消費習性。

商圈中，如果有很多人在競爭店面，代表具備足夠客群，比的是誰有競爭力。競爭者少的商圈，生意又好做，早晚有人會想進來分一杯羹。門市地點若偏遠，商圈客流量少，那就要比吸引力多強，有沒有本事讓客戶主動過來消費。若能夠達到我們期望的目標客流量，租金就是一種投資。做門市生意，多數不怕租金高，而是怕買不到划算的客流量。

店面的選擇，會評估建物、法規、格局、動線與房東等要素。老舊店面的維護成本高，水電管線易出問題。另外，是否有騎樓與人行道？外牆店招牌是否突出設置？牆面與廊柱，可否做為行銷廣告用途？是否符合使用分區、消防與環保等相關法規？店內格局與動線規畫，管理上是否方便？預計的投資成本是否會增加？房東與鄰居是否好相處？

實體商圈策略

商圈很重要，但別忘記自己的商品力更重要。要讓客戶購買、使用後，覺得值回票價，感受到CP值高或體驗價值高，才會有後續的口碑推薦與回購率，讓公司有機會累積客戶群。日本餐飲業的前輩提出一個概念：「一流產品、二流商圈、三流租金。」意思是當產品夠好，就算店在租金較低的二流商圈，一樣可以吸引到夠多客戶，讓店面可以賺錢。

一個品牌的門市要在商圈維持生存，擁有持續購買的老顧客數是一項重要指標。唯有優質穩定的購買體驗，才能讓客戶持續購買。這樣累積老客戶數，是門市經營的重要資產，因此不少知名品牌甚至投資大筆預算與人力去經營忠誠的會員制，如星巴克、全家超商、路易莎咖啡等。但最忌諱的，就是創造給出負面口碑的客戶，不但不會回購，在網路時代，更容易壞事傳千里。

商圈選擇中，直營連鎖的型態多數有資本門檻與技術門檻，對客群要深度經營，如超商、超市、餐廳與專賣店等，對商圈人口密度與地點選擇就比較挑。加盟連鎖則需要足夠的展店數量，以達成供貨的規模經濟效益，例如連鎖飲料與早餐店，挑選的商圈地點，多數是集客力強的熱門商圈，但也較有競爭問題。

新型態的生態圈

行動網路普及與資訊科技發達，讓商圈已經不只是實體商圈，商圈距離也不再只是地理位置遠近的概念。傳播通路中，除了傳統媒體外，還有主流的平台、社群媒體或自建的 APP 服務軟體，銷售通路除了實體店外，更有直營網路店或電商平台。不論網路與實體通路，品牌能與客戶產生互動、創造體驗的地方，都是我們跟客戶的價值接觸點。也就是說，只要金流、物流與資訊流可以接觸到準客戶的地方或客戶常去的網路社群，都是我們的商圈；能下單購買的品牌APP與購物平台，都是我們的門市。因此對不少連鎖餐飲業來說，以前挑選商圈地點的重點，在以客戶為中心的前提下，皆以客戶的交通方便性為主。現在只要Uber Eats或Foodpanda、物流宅配可以外送的地方，都是商圈範圍。

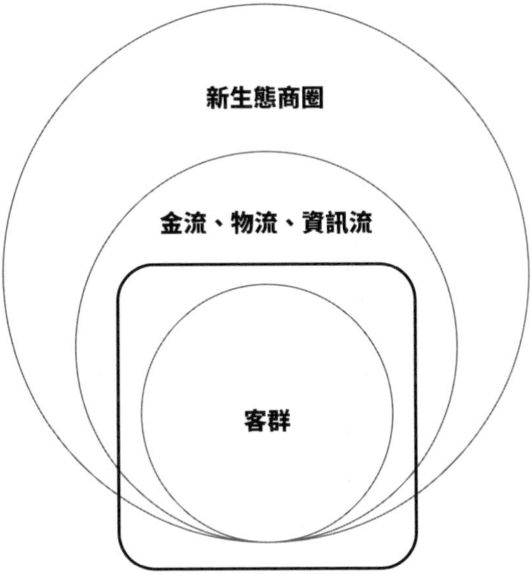

灰：新生態商圈，黑：傳統商圈

對內，會有營運模式的調整。如麥當勞、摩斯與肯德基等知名連鎖品牌導入無人點餐機，現場消費者自行點餐付款，一次完成。有的也結合手機APP的訂餐與外送，並提供更多的會員服務。店內的行政與店務工作，儘量都交給系統、軟體與設備去處理，讓門市人員可以專注在現場服務。

零售業中，如家樂福與屈臣氏等直營連鎖店比較適合新零售模式，無論實體與網路通路來的客戶，都是公司的客戶。在飲料品牌的加盟連鎖體系中，會有商圈競爭保護的約定，讓同一個品牌的加盟店不會有惡性競爭的問題；然而，新零售中從網路通路而來的客群，在加盟連鎖品牌的體系中比較會有業績爭議產生。

顧問提醒

◇地點的選定，同時也代表你選定了客群與客流量。

◇只要金流、物流與資訊流可以接觸到準客戶的地方、或每個人的手機上可以看到的，都是我們的「商圈」。

◇商圈很重要，但別忘記商品力更重要。

三・以服務帶動銷售

「太太，你既然買了魚肝油，我推薦你順便帶這一瓶護眼的葉黃素。」去藥妝店或藥局買保健食品時，常會碰到這樣的情境。或是在PChome看了一台不錯的13吋Mac Air筆電，下面一定還會推薦相關保護殼、滑鼠、線材等，讓消費者「順便」把相關商品一次購足。

專業程度高或單價高的連鎖服務業，如藥局藥妝、手機通訊、家電賣場、美髮美容、精品百貨、高價餐廳與眼科眼鏡等，越需要貼心的服務，才能讓不了解的客戶更放心購買商品與服務。好的服務可以帶動客戶購買的慾望，更可以提高客單價。

過去，服務強調實體面對面的服務，如藥局購買保健或日常藥品時，需要藥劑師的專業解說與推薦；精品專櫃小姐提供現場試用的服務，讓你接受品牌商品獨一無二的賣點；網路電商的服務，在商品展示、購買付款、商品推薦、購買紀錄與會員管理等過程，都以各種型態的數位服務，來引導客戶下單購買。疫情下，非接觸的服務增加，社群網路的來客比例也提高，既有客戶也將部分購買行為移轉到網路行動通路上。連鎖企業該重新定義你的客戶是誰，也需要規劃更多零接觸的數位服務，不斷來經營你的客群。

深度了解客戶

開發新客戶成本高，要溝通說明或拜訪面談，成功率低。因此，曾經消費、購買過的客戶，才是品牌該關注珍惜的客戶。

在品牌行銷領域，AIDMA（Attention 引起注意、Interest 引起興趣、Desire 喚起欲望、Memory 留下記憶、Action 購買行動）指的是實體通路的客戶購買行為順序。然而，客戶在網路購買時，經過的順序會是AISAS（Attention 注意、Interest 興趣、Search 搜索、Action 行動、Share 分享）。在後疫時代，線上線下融合的零接觸體驗行銷，已成為市場的主流。

品牌藉由對目標客群散發有意義的內容，在社群中推廣、溝通品牌的價值，新時代的行銷法則為 $M=C^3$：

Marketing（行銷）＝
Contents（內容）× Community（社群）× Commerce（商務）

內容，包括產品、圖文、影像、包裝等資訊；社群，包含線上社群與實體門市的客群；商務是指交付商品或服務的方式或管道。也就是說，特定「內容」會吸引到有共同價值觀與生活態度的社群中一些人，並完成商業交易行為。五種類型的客戶群——嚐鮮體驗的新客戶、成交過的滿意客戶、不斷購買的會員客戶、正面分享評價的客戶與願意推薦的客戶，都是品牌該以虛實場域的服務去經營的客戶資產。他們所需要的內容類型也各不相同，連鎖品牌的客戶輪廓將跟以往不同，數位時代的數據分析，將協助企業重新定義新的客戶輪廓。

後疫時代的客戶，和企業一樣對未來充滿了不確定性，也少了安全感。無論是需求心理與購買行為，都會有極大的轉變，你能掌握多少？

以客戶中心的服務

對客戶用心，就是對你自己事業經營的用心。像是實體場域中，藉由專業親切的服務，讓全國電子成為家電產品的龍頭老大。超商超市也不再從傳統商品類別的角度來陳列商品，而是依照商品間的關聯性，如 Walmart 分析數據時發現，若將尿布與啤酒的貨架擺在一起，便能刺激週五的銷售量。

數位場域中，很多平台與網站，都會以網路服務帶動銷售。如博客來網路書店會在你瀏覽一本書時，提示你買了此商品的人也買了什麼書；瀏覽此商品的人，也瀏覽哪些商品；也提醒你最近瀏覽的商品有哪些，看你考不考慮這次購買。當然，銷售排行榜與人氣商品名單也是同理。PChome、淘寶與蝦皮等行動購物平台，都有類似的服務機制，以推動客戶購買。

中小型連鎖品牌，若客群不龐大，可以善用以上這些觀念與原理，在社群平台上以內容行銷方式，主動提供服務。例如在臉書經營品牌的粉絲頁，可以除了網頁貼文互動外，也可以傳訊息跟客戶主動溝通。而 Line@ 的生活圈經營，可以主動對客戶群發訊息，更可以一對一即時溝通，提供溝通與購買服務。

服務帶動銷售

好的服務，可以帶動銷售。當客戶喜歡你，不但願意重複購買，而且很願意主動在社群中推薦你的品牌。人們會互相推薦值得信賴的人或產品，產品品質好、效果好或體驗好，都是客戶推薦的理由。

以前的推薦靠熟人，現在的網路新世代是主動上網去搜尋陌生人的評價分享。因為對某個社群的認同，成員會主動購買或推薦某個代表認同或歸屬感的商品，如蘋果的果粉或小米的米粉，他們都會在社群中主動購買推薦。尤其是社群的意見領袖，比傳統的品牌代言人影響力更大。

越專業的服務，越要複雜的事簡單說。專業的事若講得越複雜，客戶越不懂，更不敢輕易購買。具備專業的人很多，但專業還要具備親和力，才會讓客戶喜歡跟你買。專家，習慣複雜思考，但經營事業卻要懂得化繁為簡。讓客戶聽得懂卻不容易自己處理，那就是你的商機來源了。

顧問提醒

◇連鎖企業該重新定義你的客戶是誰，也需要規劃提供更多的零接觸數位服務。

◇對客戶用心，就是對你自己事業經營的用心。

◇好的服務，可以帶動銷售。因為人們會互相推薦值得信賴的人。

四・熟客經營管理實務

約朋友談事情，就去星巴克坐坐。去全聯購物，拿出手機用PX pay付款，還可以累積會員點數。FB社團中，大家都在強力推薦Costco最新的會員限量家電產品，假日安排要去搶購。iPhone故障，中華電信請宅配來取貨維修，還留一台備用機給你，因為你是中華電信的行動VIP客戶。

台灣屬於海島型貿易經濟，經濟起伏與國際市場的變動有極大關聯。我們一再強調，當服務業因為消費者對未來悲觀，減少消費支出，面對不可預知的未來，只有客戶才是企業的衣食父母。擁有客戶，就是擁有通路、現金與未來。

市場上不少連鎖品牌十分重視熟客經營，常見的像是星巴克咖啡與誠品書店的會員制，或是過季運動鞋的優惠券、蛋糕禮盒折價券、美容SPA推薦禮、航空公司的累積回饋與會員禮等行銷方案，都是運用熟客計畫或方案的好例子。

很多經營者以為只要做好商品，把門市管理好，就會賺錢，卻忽略了其實一家長期獲利的店，重點在有穩定的熟客消費。你自己可能已經是某些店家的熟客；身為一位門市的經營管理者，店裡也會有不少常來的熟客。當門市的熟客規模夠多，每個月的營收獲利自然穩定，等同於門市擁有一張經營風險的護身符。

若門市生意都是以流動客戶為主，如流行服裝飾品或時尚飲料，自然需要靠高額的店面租金去掌握流動人潮。這樣的生意類型在景氣好時，一樣有人賺大錢；但是景氣不好時，流動客戶就容易變心。台北東區的熱門商圈在疫情開始沒多久後，原本人氣鼎沸的年輕潮牌少了商圈人潮，多數面臨倒閉關店的困境。此時，能有穩定重複消費的客群，對企業經者來說，就是一件很幸福的事。

熟客經營的核心

在客戶關係管理中，我們會把重複消費的老客戶拉出來，做熟客經營；而會員制經營，就是設計一套可以長期跟熟客互動經營的制度。一般店鋪的促銷活動，多為搭配節慶活動或是某個事件的推廣方案，如各大百貨公司的品牌專櫃配合週年慶活動。藉由提供價格或購買數量的限時優惠，來刺激客戶的購買意願。然而，這類的客群多數因低價而來，也容易因低價而去。過度折價優惠刺激，極容易讓客戶養成追逐折扣低價品的壞習慣，導致銷售毛利率不高。

熟客經營的思維不同，重點在獎勵且培養長期穩定消費的客戶群。也就是先累積消費，再給予價格或價值的正面回饋激勵，如誠品書店、星巴克與長榮航空等。客戶來消費，不只是因為產品品質好與服務好，更因我們有能力掌握客戶需求，能主動提供讓客戶驚艷的商品與服務。

當客戶已經熟悉我們的購買流程與服務，養成來店購買的習慣，除了可以降低陌生客戶的開發成本，或新客戶的熟悉成本。再者，讓我們可以主動銷售，提高客戶的購買率與購買金額。根據學者研究，滿意度高的熟客，比較容易推薦新客戶給我們，也較能包容不幸發生的客訴問題。

掌握熟客的心理

要經營熟客，目標就是培養一群對品牌與門市有長期認同的消費者。經營者要先知道如何抓到客戶的心，尤其是要掌握客戶需求偏好與購買行為，讓客戶有某項需求發生時，腦海浮出的第一印象就是我們的品牌與門市，這就是熟客經營的基礎。例如，想吃好吃的炸雞，你的腦海中會浮出的第一印象是哪個品牌？

經營者要常到門市或線上購物的第一線了解觀察，也要記錄、統計分析客戶的消費習性與軌跡。了解客戶為什麼買？怎麼買？為什麼不買？會受誰影響？對價格看法？走在客戶前面，比客戶更專業。既能輕鬆專業的回答客戶任何問題，也能主動站在客戶的立場，提供最佳的採購建議與服務。

客戶的購買行為，多數都憑藉著對產品與品牌的認可，以及購買的方便性。這是一種習慣的心理制約，以及情感面的無形約定。店鋪要經營出好品牌，就要隨時精準掌握客戶的購買需求，累積客戶信任的認知，才能引導客戶購買的行為，成為一種自然習慣。全聯福利中心推廣PXPay的行動，就讓媒體稱它是最了解婆婆媽媽的品牌。

建立客戶忠誠度

經營者都希望顧客對品牌有忠誠度，無論是購買選擇上，能對自家品牌優先考慮下單，或是成為品牌的粉絲，無條件的熱情支持品牌的一切產品與活動，就像蘋果的果粉與小米的米粉。常見辨識忠誠度的指標有：推薦數、顧客回購率、回購消費額與品項等，但重點還是在購買與推薦這兩件事上面。

企業要依據自己的品牌定位與購買行為，來選擇品牌期望且具忠誠度的顧客。常見的有三種：首先是產品要夠優夠強，且是某個領域的第一品牌，客戶自然對產品持續忠誠，如蘋果的 iPhone 手機與 Mac 筆電。其次，是提供的客戶優惠夠吸引人，例如折扣價與會員積點等。還要認同理念，像是邀你做善事的中國信託銀行慈濟卡。

不同的世代有不同的價值觀、生活型態與購買行為等，對價值認定與品牌忠誠度的定義，自然也會不同。例如，多數年輕人較喜歡流行事物與相關商品，購物決策容易受到周遭的人與社群的影響。網路購物行為成熟，消費意願也較高，但對品牌的忠誠度，往往跟著社群與意見領袖走。中年人比較有消費力，重視品質與價值，購物決策比較理性，喜歡看到摸到產品實體，對品牌的忠誠度，多數會被習慣制約。因此整體來說，在實體場域中的品牌，其顧客忠誠度會比網路社群中的品牌還要高。

熟客經營實務

做熟客經營要如星巴克與Costco，首先能建立清楚完整的熟客名單與消費資料庫，藉以分析對商品與購買行為的偏好，掌握熟客群的屬性特徵。其次，依據目前手邊有限的營運資源，來設定合理的目標。短期，可設定「客戶滿意度」與「來店續購率」為目標，中、長期可設定「新客推薦率」、「熟客人數」與「品牌知名度」做為發展目標。

在熟客計畫的「規畫」期，要依據客戶最在意的需求去思考，並分階段設定合適目標。在「執行」過程中，要用心落實，做詳實完整的紀錄，定期去分析「檢討」，如何精進計畫方案，讓客戶能更認可，更願意積極參與？不斷「修改」規畫，才能掌握核心熟客的有效經營方案。無形品牌與有形

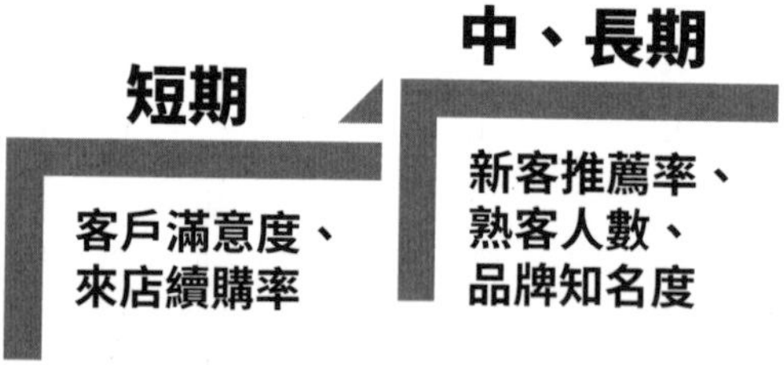

門市的真正市場價值，不在於高價的裝潢設備或是庫存商品多寡，這些都只是表層的資產。對品牌有意義的真正無形價值資產，是擁有優質的熟客規模。有規模的忠誠熟客，才是創造營收的主要來源，也是創造品牌長期價值的根源。

顧問提醒

◇一家長期獲利的店，重點在有穩定的熟客消費。

◇熟客經營的思維重點在於獎勵且培養長期穩定消費的客戶群。

◇當熟客規模夠多時，你的品牌就是自己的通路。

五・會員制經營實務

市場上，連鎖經營品牌的會員制非常普遍，美容美髮、連鎖餐飲、飯店民業、健身與百貨零售等，到處可見。如家樂福與誠品書店，及以會員制為主要經營手段的好市多等零售連鎖品牌，還有餐飲連鎖品牌的星巴克「星禮程」隨行卡與路易莎咖啡的「黑卡」，都使用會員制來經營長期的客戶。根據媒體報導，台灣星巴克的星禮程已累積二二三萬名會員數，消費金額更是占總營收的一半。

這些會員制多數藉由消費門檻、入會費與其他條件，來限縮客戶的入會資格，並以優惠或限量產品與特殊服務來經營會員價值。據報導，二〇一六～二〇一八年，美國星巴克使用星禮程消費的顧客次數占總消費次數的40%；會員占星巴克消費總人數的18%，卻貢獻36%的總體營收，平均消費更是非會員的三倍。

為了維護會員對品牌的認同度，各企業紛紛使出渾身解數，除了會員消費的獎勵活動，更以顧客為中心，企劃眾多虛實遊戲，提高客戶消費的互動趣味。譬如台灣超商、超市領域中最常見的集點活動，讓顧客透過每次消費所獲得的集點，換取想要的公仔或優惠商品；幾次成功的集點活動，也都創造了品牌與顧客的雙贏。

會員資格的正確思考

會員制是熟客經營的進階版，在高度行銷競爭環境中，會員制不但讓企業較易掌握營收規模、控制服務品質、掌握客戶消費蹤跡及習性，並能提高消費回購率。常見的會員制會有「建立進入門檻」與「提高離開成本」兩種模式，好市多的會員機制屬於前者，想享受商品優惠價與無條件退貨服務，就必須先交一筆不低的會員費。另一方面，航空公司的會員卡累積消費的里程數升等，客戶若不持續搭乘，累積的里程數就浪費掉了，提高客戶離開的成本。

會員經營中，常利用會員身分的限制、資格門檻與貢獻程度，去形成會員影響力與內聚力。但若無法打造品牌認同與歸屬感，就容易變成高折扣「割地賠款」的思維：也就是說，入會資格的取得、維持與升級取得容易，只要客戶有消費就好。會員價值的提供，要靠滿滿的優惠與折扣。會員的消費金額與頻率越高，你給的會員資格級別要越高，折扣越多。

若無法建立客戶跟品牌間的關係價值，而只是折扣價值，這樣的會員制只能短期增加營業額，對企業的品牌與長期客戶價值效益較弱。會員分級是會員制的大事，品牌依據對企業營收或利潤有不同貢獻度的會員，分配不同的會員經營成本。實務經驗中，做好適當的會員分級制度，在高貢獻度的會員身上投入經營成本，創造的投資效益甚至會超過兩倍以上。

會員經營策略

什麼樣的會員經營策略與服務方案，能打造會員社群的認同與歸屬感？以下建議從幾個問題來思考如何提升會員經營的有效性：

1、客戶為什麼會加入會員？

- 期望的好會員輪廓是什麼？在會員制中會產生哪些行為？
- 你的短、中長期的會員規模數設定，大概是多少？會員來源夠嗎？
- 目標會員族群的加入動機與誘因是什麼？
- 除了價格優惠外，你還能提供什麼樣的價值？

2、如何讓分級制創造更大利潤？

- 你的會員分級可以讓不同級別的會員感覺到明顯差異嗎？
- 分級後的會員投資成本，是否做了更有效的分配？
- 提供給高貢獻度會員的價值，是否有足夠的市場競爭力？能否建立競爭門檻？

3、如何創造會員的認同歸屬感？

- 你期望會員會有哪些行為，代表對品牌有認同歸屬感？
- 哪些互動活動會讓會員很想參與？
- 哪些專屬回饋，對會員是具有價值意義的？

4、如何讓會員續購與推薦？

- 你能提供更多超越期待的創新產品與服務嗎？
- 會員為什麼願意主動分享正面評價與推薦？
- 會員在乎你的品牌，還是折扣與紅利？

5、為什麼會員流失離開？

- 會員因大環境改變而自然流失的比例是多少？
- 會員因競爭品質更好，或對會員服務失望，選擇離開的比例是多少？

● 我們有針對好會員的流失原因分析後，提出有效的應對措施嗎？

6、數位科技的運用能力？

● 你的會員族群在數位科技上的使用習慣高嗎？

● 會員在哪些網路社群或社團裡，接收產品或相關需求的訊息？

● 是否針對會員設計一套新的數位服務流程，提高創新的附加價值？

顧問提醒

◇ 會員制不但讓企業較易掌握營收規模、控制服務品質、掌握客戶消費蹤跡及習性，並能提高消費回購率。

◇ 別只盯著會員數規模看，會員的購買、續購與推薦，才是應該在乎的。

◇ 做好適當的會員分級制度，在高貢獻度的會員身上投入經營成本，創造的投資效益甚至會超過兩倍以上。

第三章

品牌行銷

一・連鎖事業的品牌價值

「馬來西亞的全區品牌加盟代理費，我們可以出價大約新台幣三百萬，主要的原物料還是交由台灣這邊供應。你們覺得如何？」有客户在馬來西亞投資一個大型百貨商場，代理個能代表台灣的知名茶飲連鎖品牌到馬來西亞去發展。

市場與客戶長期感受到的價值，會累積成企業的品牌價值。像是零售連鎖業的大品牌「全聯」，從過去的價格取向，讓客戶感覺「實在真便宜」，現在進化為價值取向，邀請客戶「走進美好生活」。知名的餐飲連鎖品牌「王品」，自創業初始，就堅持「款待心中最重要的人」。金控集團「中國信託」的客戶價值，在提供

「親切便利」的客戶服務。別的房仲品牌是賣房子，服務連鎖的台灣房屋標榜賣你一個成家的夢想，讓你感受到有「家的幸福」。

不少人在國外旅遊或出差時，若看到台灣知名連鎖品牌的招牌，如CoCo與歇腳亭茶飲等，往往倍感親切與驕傲。在有些國家地區，台灣連鎖品牌的招牌曝光度還遠高過國旗。這些年來，台灣連鎖品牌不只是在自身市場裡加盟、拓展版圖，在海外更有不少品牌授權代理發展，替品牌賺取大量的授權金，如六角國際與墨力集團的一芳水果茶等，這些都可以看出連鎖品牌的價值與效益。

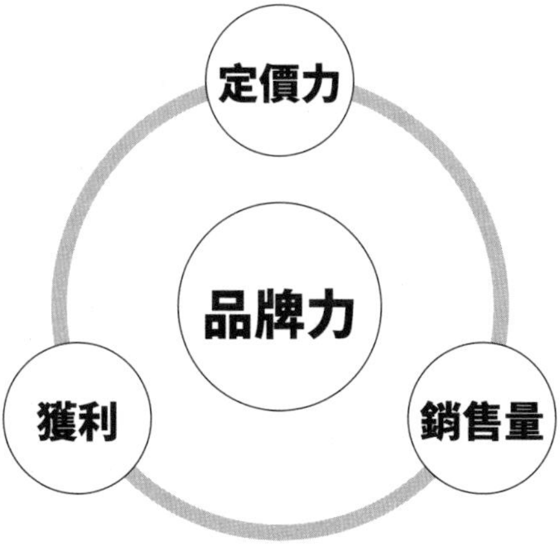

品牌代表的是對客戶的影響力，更讓客戶願意主動排隊購買。擁有或消費知名品牌的產品，讓消費者產生人性中認同與驕傲。高人氣的品牌，代表著企業產品的訂價力、銷售量與獲利。品牌價值不只是影響消費者購買意願，也影響著股東投資、好員工招募與加盟夥伴選擇。

品牌價值的影響要素

在行銷教科書裡，知名教授可以用數千個字、從不同角度來描述品牌的定義。白話一點來說，就是對客戶的影響力，代表很多客戶願意持續用鈔票來投我們的品牌一票，而且還不會嫌貴。品牌影響力會彰顯在精準的目標客群來客數、價格接受度與業績銷售量，當然還有客戶持續購買與推薦的忠誠度。

對連鎖品牌價值來說，也就是複製移轉獲利單店的品牌價值，到其他的直營店或加盟店。連鎖經營後，可以更彰顯擴張品牌的價值。無論是零售、餐飲或服務型連鎖經營，不同產品或營運類型，塑造品牌價值的方式各有不同。實體門市上，靠產品組合、空間設計、陳列布置與服務互動等，來提供品牌想要呈現的意象與空間體驗。

面對年輕族群更常使用的行動網路裝置的趨勢，連鎖品牌業者為了自家品牌發展出虛實整合的營運方式，提供更創新的使用介面設計與服務流程體驗，以貼近客戶的期望，塑造客戶的驚喜。特別是連鎖零售的超商、超市、大賣場或購物中心，也藉由轉型升級、併購或投資等方式，如全聯併購白木屋，家樂福併購頂好與 Jason 超市等，來提高品牌在市場上的競爭力。

有市場價值的品牌，可以說在客戶的購買選擇上，品牌擁有直接影響力。也因客戶對品牌的信任，讓商品擁有較高的定價力。客戶樂意提供好的評價，並替品牌、產品背書與推薦，將商品推薦給周邊的親朋好友，也樂意在網路社群主動分享提供正面的體驗心得與評價。

部分企業對品牌行銷的觀念，往往過於注重短暫的消費者排隊熱潮。這樣的品牌競爭力，往往會像煙火般只有剎那的燦爛，無法長久。有市場價值的品牌，至少是由熱情積極的 CEO、優秀的工作團隊、單店獲利能力、穩定獲利成長模式與總部營運管理能力所組成的。

品牌的形象維護

品牌價值，代表著企業知名度、消費者好感度與購買力，更代表企業贏得消費者長期、穩定的信任關係。公司打造名牌可以花錢速成，但品牌價值卻往往無法速成，它是靠消費者購買與口碑所累積的價值。一夕爆紅的名牌，往往像煙火一樣，快速在高空璀燦，也快速向凡間墜落。

品牌價值不只來自消費者的自身感受，也會受到周邊人群與媒體的影響，客戶對品牌定位期望與獲得的感受，需要有一致性的認知。品牌形象維持不易，要破壞卻很簡單。就算品牌夠大，只是代表品牌承擔破壞的能力較強而已。只要一次食安問題，一個客訴沒處理好，都可能讓品牌跌入萬丈深淵。

常見影響品牌價值的問題，多數出在客戶抱怨、食品安全、勞資糾紛或加盟糾紛等。例如，當年紅遍台灣的知名連鎖飲料店「英國藍」，自二〇一五年爆出茶葉含農藥後，大力重創形象，九十九家門市倒到僅剩一家。一家門市或一個員工的好事，在客戶善意的口碑下，可以讓整個連鎖品牌與各店受惠；但一件錯事，也會壞事傳千里，火燒連環船似的對整個品牌帶來負面影響。

在自媒體時代，當連鎖品牌發生問題，在新聞媒體或社群話語的推波助瀾下，往往會對旗下所有門市產生難以估算的傷害。因此發生品牌公關危機問題時，企業主應該以開放的態度去與客戶誠懇溝通，面對問題。就算是消費者的認知與溝通有錯，也是我們品牌的錯。無論發生什麼問題，或是不合理的對待，都不要再去爭辯，挑起更多紛爭，反而造成不可收拾的後果。

品牌的授權

連鎖品牌的價值，容易體現在加盟與代理授權上。品牌要加盟授權，至少要滿足一個基本條件：要有能複製的賺錢店。門市裡面的每個元素，從形象、產品、行銷、交易、服務、資訊、製程與採購等，都要能符合「簡單化」與「標準化」這兩個易複製的條件。

加盟主為了取得品牌總部的複製價值與效益，所付出的財務代價，包括加盟金、形象設計、門店裝潢、生財器具、專業培訓、原料或商品供貨等。而總部為了創造自己的價值，也要投資在新產品開發、快速培訓上線、順暢的供應鏈、品牌行銷推廣與門市支援輔導等專業價值上。

近十年來，世界各國不少企業家或投資者，紛紛主動洽談台灣知名連鎖品牌的海外代理授權。尤其是連鎖茶飲品牌，如CoCo茶飲、85度C、日出茶太、歇腳亭（Sharetea）與一芳水果茶等，都在國外都在其他國家或地區，對品牌股東與代理商，創造出驚人的經濟效益。

品牌價值的計算

自願加盟的品牌加盟金項目，主要包括品牌授權金、技術轉移費用與教育訓練費用等。多數總部為了快速有效的擴張店數規模，往往會降低加盟金門檻，把重點擺在長期原物料供貨的收入。當然，也有部分短視的總部，以加盟店的裝潢設備硬體收入為主，這樣的品牌總部存活期間往往也不長。

知名大連鎖品牌的授權費用與合作投資金額較高，不少投資者通常會退而求其次，找有發展潛力的小品牌來洽談代理。不過，小品牌的彈性與可塑性雖然比較高，但市場接受度與總部的管理能力都尚未得到驗證，對連鎖品牌企業主與代理授權商而言都要承擔不少風險。

品牌代理授權金在實戰上的計算考量，不只從自身的規模與條件來估算，更該從「市場」觀點來評估。你可以自我感覺良好，把品牌價值估算得很高，但可能「有行無市」。對方會依據掌握的市場資訊、品牌選項、期望目標、底線與籌碼條件來判斷，不是你喊多少價，對方就願意付多少。品牌價值轉換價格的關鍵，在於市場變現的未來性。

數位轉型的風潮中，品牌價值的計算，應該還要把品牌數位化後的營運服務能力估算進去。這點可能包括活躍客戶的資料庫、社群的知名度與好感度、高流量社群帳號、數位服務能力等。

顧問的提醒

◇高人氣的品牌，代表企業產品的訂價力、銷售量與獲利。品牌價值不只是影響消費者購買意願，也影響股東投資、好員工招募與加盟夥伴選擇。

◇品牌影響力會彰顯在精準的目標客群來客數、價格接受度與業績銷售量，還有客戶持續購買與推薦的忠誠度。

◇品牌代理授權金在實戰上的計算考量，不該只從自身的規模與條件來估算，更該從「市場」觀點來評估。

二．品牌體驗的空間與動線

「本來去 Costco 只是想買兩、三樣東西，結果離開時，買了幾乎一車。」

「我們家常在假日去逛 IKEA，從頭走完要繞很久，但我老婆就超喜歡逛。」

「我都在網路逛街呀，在蝦皮上面很好買。你沒買過啊？」小女兒轉頭很訝異的回答我。

門市創造客戶體驗的根本是空間配置與動線規畫，重點在有效吸引顧客從看見、進來、走動、體驗到順利完成交易。有經驗的專業顧問在診斷門市時，就只看空間配置上營業空間與後勤管理的比例是否適當？銷售刺激點與購買點在動線安排上是否能有效達成業績？加上固定管銷費用，就能判斷門市是否獲利。

購物中心、量販店、百貨公司、超級市場、便利超商與專賣店等，各連鎖品牌依據業種的不同，在客群、價位、商品訴求與品牌定位，對空間體驗的設計與管理重點就有不同。平價訴求的門市，如爭鮮迴轉壽司，就會強調門市的空間坪效與迴轉率，節奏要快。高價訴求的店面，如台北大安區的法式派翠克餐廳，就會強調場域空間留白，消費氛圍舒適，節奏較慢。直營連鎖店且強調品牌價值的星巴克，就以空間與質感為重。以加盟連鎖為主且強調CP值的路易莎咖啡，就著重在平價實惠。

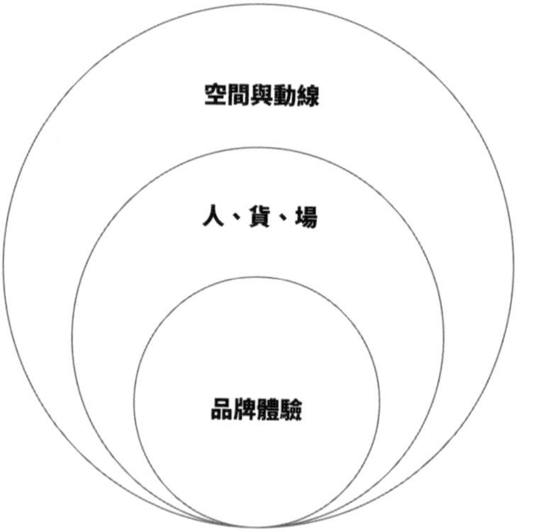

在門市，人的購買行為部分是理性目的購買，也就是進店前就事先知道要買什

麼了。所以，重點在商品容易尋找，直接付款走人。但多數人的購買行為往往是不理性的，喜歡邊逛邊看邊挑商品，最後可能真正買的東西與事前想的也不一樣。因此，現在的零售場域空間概念，著重在賣場「逛」與「買」的良好體驗。

品牌價值的體驗

每個知名連鎖品牌都有一個獨特的品牌定位，由此去創造獨特的品牌價值體驗。如發現商品樂趣的無印良品、快速方便歡樂的麥當勞、物美價廉的美廉社、物超所值的家樂福、動力十足的健身工廠、第三個空間的星巴克、小文青風潮的一芳、與點亮生活每一刻的 CoCo。都為了讓客戶能在享受良好購物與服務體驗之後，能延伸回購與口碑推薦。

人類有五種不同的感官——視覺、聽覺、嗅覺、味覺與觸覺。視覺多數會直接影響體驗，事物存在感受的判斷，也多數反映在視覺感官。其次是聽覺，如背景音樂、親切打招呼聲、牛排餐廳的滋滋聲響等。嗅覺上，如食物、皮革與香水等，濃淡不同的味覺也會影響人的認知。味覺，會在餐飲美食的味蕾刺激上。觸覺上的體驗接觸，如產品試用與材質觸摸等。消費者在場域的價值體驗，多數由空間、動線、人、商品、聲音與氣味等等組成，這些元素與人的五感互動後，就會型塑出人的感受體驗。體驗元素中，不只是員工與客戶之間的互動，客戶也在意在這個場域空間中，還有哪種類型與等級的客戶存在。有時候，體驗來自心情感受落差的變化。例如電影的張力、客戶參加活動的驚喜與新商品的尋寶樂趣等。

在新零售的領域中，我們談人（顧客與員工）貨（商品）場（交易的場域），以及交易過程的金流、物流與資訊流。數位網路解決便利速度與客戶管理的問題，而實體場域解決消費者購買體驗的問題，數位網路與實體場域分工合作，以客戶為中心，重新把所有虛實的條件與資源整合起來，各自扮演最擅長的角色，就能提供最優質的體驗服務給客戶。

有效空間配置

場域空間的配置要考慮到顧客、人員與商品這三個變數，如商品展示與儲藏空間、顧客使用空間、員工使用空間與活動通路空間。如果是高端客群定位且高商品單價，會提供比較寬敞的空間，氛圍也會比較輕鬆，希望客戶能慢慢逛。一般便利超商或是大賣場，就會以開放式分類貨架的方式來區隔空間，空間劃分比較簡單，讓客戶能方便有效率的購買。

一項商品要賣得好，還必須依據商品條件與市場狀況，提供合適的空間。決定商品放置空間的大小與位置時，有四項特性特別重要，即單價、迴轉率、衝動性與必需性。好賣好賺的商品，自然要放在明顯的地方；常用常買的商品，要放在臨近的地方；衝動品，往門口與櫃檯放；必需品則是因為日常所需，多數為理性與目的購買，可以往空間後面擺放。

在新零售運用發展中，實體場域扮演著創造客戶體驗價值的角色。所以，在空間的配置與動線上，會加入互動與體驗區，如美妝用品的試用與餐飲產品的試吃試喝。此外，也會導入更多科技化使用，如快速點餐支付的設備、外送服務區與情境影像展示區等。

動線規畫

動線規畫上，可以分為客戶動線、員工動線與後勤動線。客戶動線的主要用途在讓客戶容易瀏覽店內的商品，可分成主動線與副動線。主動線的設計必須貫穿整個銷售場域空間，而副動線由於流動量較少，通常寬度較窄。另外，還有店員在賣場內服務客戶的路線，以及鋪貨與補貨等後勤作業的路線。

在規劃動線時，有關門市店舖的縱深、陳列架高度、商品群的相關性與走道寬度等都需要注意。根據品牌期望創造的賣場氣氛，還要考慮到動線節奏的問題。一種是要客戶快進快出，容易找到商品，拿了就結帳趕快離開；一種是客戶進去後，能在氛圍感受下，停留更多時間在裡面慢慢逛。

動線在靠近賣場的出入口處，如何讓客戶順著商圈人流的方向，輕鬆自然的容易進來，在裡面享受購買的樂趣，一直到滿意離開，也是一門學問。很多大型零售店，例如美麗華購物中心與微風廣場，更會設置不只一個出入口，以方便客戶在裡面順利進出消費。空間配置、商品擺放與動線規畫，也未必要中規中矩。有時，在看似雜亂無序中尋寶也是一種消費樂趣。如 Costco，就強調消費者購物的樂趣。

顧問的提醒

◇零售場域空間概念，著重在賣場「逛」與「買」的良好體驗。

◇空間配置、商品擺放與動線規畫未必要中規中矩。有時，在看似雜亂無序中尋寶也是一種消費樂趣。

◇無論空間動線規劃得再好，品牌體驗價值的核心還是在掌握人性與互動上。

三・連鎖品牌的危機處理

在世貿加盟展的現場，A品牌負責展店招募的經理正跟一位想創業的先生解釋加盟方案：「沒問題啦，我們的知名度那麼高，你看現場那麼多人，保證會賺錢啦。」在簽約、付訂金，開始配合總部找地點施工裝修時，卻才發現材質、施工品質與當初談好的不同，合約也沒寫清楚，因此幾次反應都沒有得到合理的答覆，憤而向媒體爆料。

英國藍踩到進口茶葉原料的地雷，占滿了線上線下媒體的版面，更讓負責人深陷法律與賠償問題；沒多久，市場爆紅的連鎖品牌清玉，因含糖過量的問題被媒體追著打；兩岸知名的一芳水果茶，因牽扯到政治議題，面臨一場生存風暴。這些加盟連鎖型的餐飲品牌，其品牌知名度與展店數是拓展加盟的必要條件。但萬一出了問題，卻也是壞事傳千里。

有兩位連鎖加盟品牌的輔導案客戶，不約而同打電話來諮詢，想知道自身企業該如何因應類似問題，以防萬一。連鎖加盟的根本，在於品牌、制度與供貨。連鎖品牌，往往成功在名，麻煩也在盛名太過。一旦出事，就像火燒連環船一樣，就算勉強閃過，也是身受重傷。

快速成長的連鎖品牌，企業管理體質的提升與風險管理這兩件事真的很重要。經營者若不懂回防，小心打下的江山全部做白工。最好的策略，是能借力使力，轉換負面力量，成為正面的成長力量。展現品牌的負責態度，並以此來重整內部管理體質，為未來發展做更好的準備。

小問題大危機

容易出大問題的，往往都是小地方。在餐飲連鎖品牌中，常見的問題有產品有效期限標示不清、原料與功效誇大其詞、行銷語言渲染、含毒的包材、產品與原料包過期、出貨延誤等。這些小地方一旦出錯，光是名譽受損與短期營收暴跌，對企業整體經營體質就會產生致命傷害。

連鎖加盟品牌為了凸顯差異與獨特，往往在行銷上會太過渲染，用模糊甚至虛假的語言，在一些客戶不在意的小地方，意圖誆騙消費者。但若讓產品品質與消費者實際使用後的感受落差太多，忘了長遠之道應該著眼在塑造與提升消費者的心理價值，就容易付出比想像中更慘烈的代價。

連鎖加盟大展的現場明亮有氣勢，誘人動心的宣傳DM與招商人員誇大不實的話術，讓不少加盟者以為可以輕鬆開店賺錢。等到加盟店開幕不到三個月，發現營收不如預期，但經營成本卻比想像中更高，多數撐不到一年就慘賠收場，讓總部與加盟者走向雙輸的局面。

消費者的意識早已高漲，正當生意人本就不該這樣玩擦邊球，甚至是殺雞取卵。環境衛生不注意，一隻小蟲就會要企業的命。客訴若沒處理好，等登上媒體，找了民代靠山或是媒體聲勢，往往反而未審先判，跳到黃河也洗不清，不只喪失消費者信心、更會賠掉辛苦建立的品牌價值。

處理的第一原則

外部危機處理有兩項重要的「第一原則」：處理要在第一時間，且要授權第一線。出事時，負責媒體的主管，馬上要站到第一線面對；高階主管要在第一時間，立即坐鎮總部處理。此時，決策與行動要快，因為時間會是媒體效益蔓延的催化劑。

內部評估，要兼顧法、理、情。這時候主管就先別罵人了，釐清事實，每個問題都要找到事實依據，搞清楚問題出在哪裡：是供應商的問題？還是門市沒照規定落實？或是問題在與消費者的溝通品質上？衡量利弊得失，並沙盤推演出後續可能衍生的問題，在優先顧及消費者權益下，主動積極的回應。

對外，要以情、理、法的順序，去提供正面具體的回應。不管對錯，就是要先道歉。就算我們沒有錯，讓消費者誤會，害媒體朋友誤報，也是我們不夠專業。之後，再來談合理的處理方式。「這是我們公司的制度與規定」「消費者弄錯了」「媒體刻意渲染」等話語，只會引起企業撇清責任的誤會，挑起另一場更大的戰爭。

遭遇危機的根本解

很多連鎖總部的管理執行力太差，就算有再完善制度或高價的ERP系統，也派不上用場。此外，新興連鎖總部急於店數拓展，加盟者只要付得起錢，往往來者不拒。而直營店與加盟店數的不合理比率，更提高財務上的風險係數。近年來，尤其網路社群的力量興起，社群口碑可以快速讓一個小品牌爆紅，但也可以揭露潛在加盟者與連鎖總部間的不對稱資訊，讓總部的品牌公關包裝現出原形。

平常就要耕耘行銷企業的品牌形象，長期累積消費者與媒體心中的信用額度。

風險危機不一定都發生在外部，內部管理往往更是爆發的原始關鍵。要靠制度的落實，去執行每個關鍵細節的管控。再好的制度，都不如落實員工心裡的理念、責任感與榮譽心。尤其是區督導與店經理的角色，更扮演著承上啟下的落實關鍵。總部對直營或加盟店的培訓，不該只有知識與技術，區督導不能只在乎要業績，更該耳提面命，三令五申的提醒員工危機管理的重要性與日常管理的落實。

顧問的提醒

◇ 快速成長的連鎖品牌，重要的兩件事是企業管理體質的提升與風險管理。
◇ 容易出大問題的，往往都是小地方。
◇ 風險危機不一定發生在外部，內部管理往往是爆發的原始關鍵。

四・新零售的品牌定位與競爭

「它，比馬雲更早做新零售。燦坤——跑最快的轉型輸家。」這是知名商業雜誌某一期的封面主題。

「股價一六七元慘摔至十七元！燦坤旗下三企業營運拉警報」這是另一個知名財經新聞下的標題。

近年來，「新零售」這個名詞從對岸紅到台灣。商場上曾經爆紅的電商模式，在紅海競爭下，跨入強調虛實整合的「全通路」與「人、貨、場」的新零售。實體通路再次興起，「體驗」場域的價值又被炒熱。

小米與蘋果

品牌價值體驗的代表案例，除全球品牌模範生「蘋果」外，中國品牌的「小米」也在台灣占有一席之地。

蘋果跟小米都是以自有的虛實通路，銷售自有品牌的多類別商品，也讓自有商品進入其他虛實通路去銷售。蘋果的品牌價值高、產品力強且目標客群精確，每年iPhone手機與Mac筆電新款發表，總是贏得媒體與果粉的目光與錢包。

小米的產品性價比高且產品線夠多，以自有品牌商品與服務，整合成完整情境體驗的「小米專賣店」，簡直就是蘋果專賣店的另類翻版。「小米」在自家手環、手機、掃地機器人、藍芽耳機與電子鍋等爆紅產品線下，打造的「智慧生活」與「智能家居」，讓台灣「小米之家」門市業績一直都維持不錯的表現。現在的小米，擁有一大群熱愛產品的米粉，更持續有新產品推出，要跟誰合作，都只是衍生通路價值，做更多業績。未來可以針對高支付能力且期望高CP值的客群，提高產品開發的維度，創造更高的利潤。

全國電子的好本事

媒體報導跑最快的轉型輸家「燦坤」，常被拿來跟近年屢屢有獲利突破表現的「全國電子」做比較。近年來，全國電子除了品牌形象年輕化，並以新型態門市「Digital City」啟動轉型，不只營收與獲利持續突破，也維持不錯的股價，超過燦坤成為3C通路新盟主。燦坤在轉投資「燦星旅遊」與「金礦咖啡」慘賠外，3C本業更不斷賠錢。想轉型到新零售時，又搞不定內部的組織變革。挖角來的三大高層，跨不過變革的組織障礙，更紛紛離職。

全國電子的品牌整體操作策略，是個很不錯的實戰商管範例。整體品牌定位的策略思維，在於對的目標客群與商圈選擇：以合適的感性定位為訴求，搭配需要深度服務的商品組合。在門市，以服務帶動高毛利的銷售業績，充分體現實體門市的服務體驗價值。

需要面對面服務，且喜歡觸摸實體產品的長輩、婦女與年輕人，是全國電子的主要目標客群，並以台語的「揪感心」來做感性服務訴求。門市的主要產品組合，自然以服務需求性較高的家電與3C商品為主，以符合目標客群的需求與門市通路的價值。

需要複雜服務的家電產品，價格比網路通路來得高，更凸顯服務差異的價值，且不定期挑選產品促銷來吸引客戶入店，價格甚至有時比網路上更低。在實體通路方面，則依據目標客群多寡與租金成本來做選擇，如在傳統商圈，以開設小店為主；在綜合大商圈，則是發展新型態大店，有效發揮門市租金坪效。

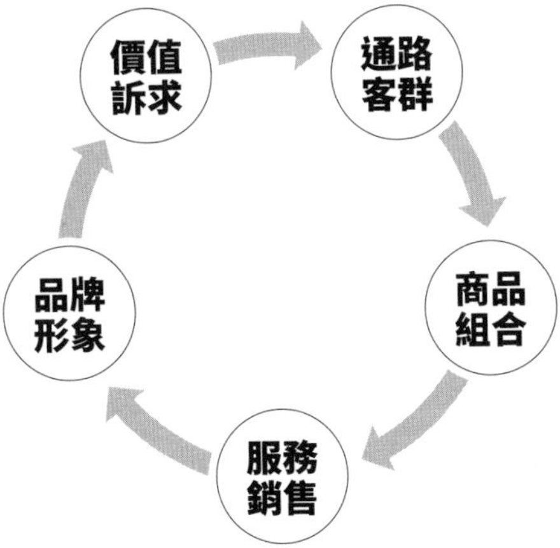

就算是發展主打「新潮、科技、3C數位」的Digital City，全國電子挑選商品組合上，也是以智慧家居設備與空拍機等需要較高服務的體驗產品為主。此外，更引進蘋果授權的蘋果Shop拉高通路品牌形象。讓實體門市的整體產品組合策略可以跟電商通路做有效區隔。

從燦坤學到的借鏡

3C產品若是只想比價格戰，除非有錢亂燒，否則再怎樣操作，高租金的實體門市都很難打贏網路電商。近兩、三年來，不少電商都紛紛想往線下實體通路走，燦坤卻忘了善用實體通路優勢，拿類似產品組合去跟網路電商通路比拚，這樣一來卻只是混淆掉實體通路的價值，陷入價格競爭泥沼，降低市場競爭力。

像燦坤這樣的案例，應重新思考：

- 該聚焦在哪類型的客戶族群，才具有優勢？

- 若持續以年輕族群為主要客群，公司期望擁有什麼樣的品牌印象與定位？
- 品牌定位該搭配哪種商品的品類組合為主？創新的產品或是複雜的產品？
- 產品功能與運用，需要門市人員的現場服務嗎？如何在實體通路凸顯人的服務與體驗價值，且能轉換到價格與業績上？是不是可安排客戶社群的實體活動或是專業店員的指導？

品牌轉型的升級難題

曾經是龍頭老大的企業組織，在面臨變革轉型時，改變「組織文化」是最難搞的議題。再好的商業模式與經營結構，都需要合適的企業文化與後勤組織架構支援。傳產轉型時，領導者往往都口頭上承諾一定會「全力支持」，但面對龐大老舊組織的變革時，卻又舊情難忘，不易割捨，徒留遺憾。

步入黃昏的手機品牌 Nokia 留下名言：「科技，始終來自於人性。」雖然它已經逐漸消逝在市場上，但依舊提醒我們：別被新零售科技給綁架了！「品牌形象、價值訴求、通路客群、商品組合與服務銷售」這五大項，才是無論科技怎麼變，經營者都該做好的最佳策略組合。

別忘了，零售品牌事業的最終戰場，還是在通路場域、商品與客戶端的成交業績。商場上永遠是：得客戶者得天下！

顧問的提醒

◇ 整體品牌定位的策略思維，在於對的目標客群與商圈選擇。

◇ 再好的商業模式與經營結構，都需要合適的企業文化與後勤組織架構支援。

◇ 「品牌形象、價值訴求、通路客群、商品組合與服務銷售」才是無論科技怎麼變，經營者都該做好的最佳策略組合。

第四章

團隊建立

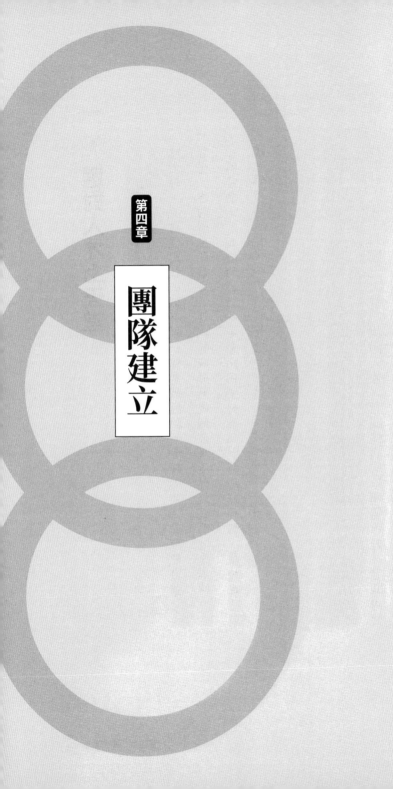

一・選對人才上天堂

「陳老師，我最近想找一個有第一線實戰經驗，責任心高且管理能力強的督導。你的學生那麼多，可以幫我引薦幾個來我這裡談談嗎？原本的主管臨時要走，我給的待遇一定會比同業好啦。」待遇條件好，環境也不錯。那爲什麼管理人才一直都留不住呢？

企，是「人」加「止」。一家企業要有好發展，需要找對好人才，並讓好人才留下。找對好人才，老闆上天堂；找錯人才，老闆住病房；運氣不好，老闆可能還住到加護病房。很多企業的管理問題，追根究柢都在「人」身上。很多老闆跟主管都知道「用人唯才」，但在選才時，還是有很多不自主的迷思。例如：名校畢業出身的人，做事素質比較好；在知名大企業當過主管的人，懂的比較多，也比較優秀；口若懸河且頭頭是道的人，說的應該都做得出來。老闆的主觀與個人喜好，往往給企業帶來不少災難。

連鎖型企業的組織人才，有文武場的區分。第一線門市屬於直接面對客戶、面對競爭者，而且是實際操作的工作，我們稱為「武場」；店長、店主管、區督導或區經理，稱為「武將」。總部主要在提供後勤支援與行政的工作，稱為「文場」；在總部的幕僚主管稱為「文官」。武將的個性要能刻苦耐勞，服務客戶且達成營業目標；文官要支援前線，控制成本費用且做好管理工作。

選才思維

不同行業的成功經營者都有共識：無論是新人與主管招聘，或是內部調職升遷的職位安排，都是態度與人格特質優先，其次才是專業與經驗。態度是一種「選擇」，對工作責任的堅持及要把事情做到最好的執著。80%的成功經營要素都不是靠特殊才能，而是靠態度。專業的不足，可以訓練，但態度才是決定員工價值的關鍵。

影響每個人的態度，主要來自家庭、學校與經歷的差異，進而塑造出不同的三觀。三觀是指人生觀、世界觀與價值觀，也就是一個人對事物或現象潛意識裡存在的一種固有態度，這對一個人在職場與商場的影響很大。在某個領域有天賦的人，自然容易表現得比其他人好；個性上喜歡挑戰自己的人，也容易有自我要求的動機。人才，往往因為站在對的舞台，並給予激勵與挑戰。

每個人才要上場前，主管都必須協助人才，做好以下這五件事，包括：1、了解企業；2、融入企業；3、做好職位本分；4、能找到期望的組織價值；5、發揮專長，創造組織價值。也別只想著往外找人才，要好好照顧手邊的每個人才。沒有完美的個人，只有彼此互補、具共同

態度 ＞ 人格特質 ＞ 專業 ＞ 經驗 ＞ 人才

目標的夢幻團隊。如果沒有A級的人才，就讓現有B級人才，往上去做A級的事，替每個人找到適合他天賦與專長發揮的好角色。在目標挑戰中，才能看出誰是真正的好人才。

有效識人

要學習識人，要先從認識自己開始，深刻了解自己的天賦特質、潛力與強弱項，知道自己適合在什麼樣的舞台發揮，適合跟誰一起工作。慾望，是經濟發展的基本動力。名利權位等慾望，更是驅動多數人前進的主要動力。

人才的判斷，很難靠一次面談就能解決。市面上甚至還有面試一百題的Q&A題庫，協助面試者見招拆招，企業不小心就會錄取到一個口才厲害的表演明星，而非期望的人才。識人的方法，除了多年職場與生活經歷上累積的火眼金睛外，一般來說，人的特質會有先天與後天之分。先天特質上，無論星座、手相、面相、五行與紫微等，很多人認為具有很高的參考價值。以問卷評測去了解後天特性的工具，如國際知名的人格測驗MBTI，則可以自行到書店購買、參考。

工作上，多數老闆在枱面上會說是能力重要；私底下，老闆們更想知道的是如何判斷員工的忠誠度。其實，老闆該在意的是一個員工的「三觀」。路遙知馬力，日久見人心。再怎樣會演，庸才的馬腳也會跑出來的。

人才的判斷選擇

優秀的人才需要對的舞台、對的上台機會與對的領導者，才會成為好人才。深入了解一個人後，還要好好思考評估他是拿筆思考規劃的文官，還是拿刀槍上場賺錢的武將特質。哪個位置與角色，才能讓他發揮所長。要安排什麼樣的人共事，才有互補加乘的效果。

適合業務工作的，多是目標導向，擅長與人溝通相處的人；適合公關工作的，多是形象出眾且舞台魅力足夠的人；財務會計角色，多是擅長精確分析的人；人事行政，則多是保守穩定的人。但有些人，必須給他舞台發揮與磨練的機會後，你才知道他是哪種人才。俗話說得好，「是驢還是馬，牽出來遛遛就知道了」。連鎖事業中，最怕沒門市實戰經歷的幕僚或企畫主管，只憑著想像中的詳細計畫在做事。往往沒幫到門市，反而造成一堆困擾。

領導力，是身為主管的必備。有天生適合的人，也有靠著後天磨練而具備能力的人，很難靠測驗去評估出來，比較合適的方法是從旁長期觀察，或給他小舞台與小團隊；一旦面對困難任務，有領導力的人，就容易自然發揮他的領導本能。

顧問的提醒

◇ 無論新人與主管招聘，或是內部調職升遷，都是態度與人格特質優先。

◇ 路遙知馬力，日久見人心。再怎樣會演，庸才的馬腳早晚會跑出來。

◇ 優秀的人才需要對的舞台、對的上台機會與對的領導者，才會成為好人才。

二・團隊培訓實務

「通知大家，別忘了明天早上十點，我們要做線上的數位培訓課程。記得準時上線簽到。」「主題是《孫子兵法》在門市的實戰運用，課前資料在雲端資料夾上，別忘了先去看。」有次連鎖大賣場的HR副理邀請我在線上替店長們做數位培訓。因爲以前有過慘痛經驗，這次經過充分準備，課後滿意度挺高的。

連鎖企業如統一超商、王品集團與信義房屋等知名大品牌，在團隊培訓上都有一套對人才的需求與想法。無論是直營或加盟，在品牌理念、產品特色、門市營運操作與管理制度等，都會自己建立培訓體系。小型品牌的培訓能量較為不足，就要整合外部培訓力量來做好培訓，例如行業內的公協會或外部培訓講師。

因應疫情，各大型連鎖企業，無不想辦法提升企業本身的數位培訓能量，如線上直播課程、數位影音課程、互動教材等。隨著數位學習相關科技的進步，業界也開發更多教學應用軟體。企業內部紛紛不斷的嘗試，想找出最適合企業本身特色的數位培訓機制。

想要展店，就需要有能力的店長人才。開店不難，但要長期穩定獲利營運，除了管理好現有門市外，更需要不斷展店；但若要籌建一個新門市，就得要有經驗的主管，掌握好規畫、選點、籌備、建置、培訓到試營運。此外，多店的督導與培訓、加盟模式與辦法設計、準加盟主溝通簽約、品牌海外授權時的籌備進駐，都需要專業且有經驗的人才投入。

主管是企業發展的中流砥柱，不只要對門市熟悉，更要有正確的觀念與心態。越往組織高層，主管就更需要有格局眼界、領導才能與管理技能。不少連鎖企業在發展過程中，選擇以「挖角」的速成方式，多數卻以不歡而散收場。唯有長期培養出一批自己的子弟兵，才能真正建立起品牌發展的長期能量。

組織夢幻團隊

主管們最常犯的錯誤，就是自以為經驗豐富，卻忽略時代變遷與產業改變，年輕人早有能力超越他，卻還在自我感覺良好。以前的管理模式是下指令，要求部下完成工作，一個坑要找一個合適的蘿蔔種，因此總期望找到適合自己的員工。然而，現在卻要善用手邊的團隊夥伴，深入了解並激發潛力。

沒有完美的個人，但有夢幻團隊。在組織的職位特性不同，自然而然主管人選的個性、特質就有所不同。業務類的，個性要積極主動，勇於冒險，喜歡帶領團隊去挑戰高目標；公關類的，要樂於與人溝通互動，整合造勢；幕僚類的，善於細節管理且謹慎小心；門市類的，要能帶動熱情，主動積極負責。要尊重每位準主管的個人天賦，去激勵開發領導與管理的潛力。

把對的人，擺在對的舞台，才會有對的效益。在這個觀念下，才知道該對人才培訓什麼知識與技能、傳授什麼經驗，讓他發揮他的職務效益。多數小企業的人才都是多職能，一人身兼數職，在培訓需求上，廣度就比深度重要。

實戰培訓方式

實務上，首先是「訓用合一」。培訓的內容主要是工作上要負責的事，重點在學有所用。其次，是「我說給你聽、做給你看、換你做做看」的培訓方式，培訓者把整個觀念、運用與案例對受訓者完整講解清楚，之後用實際案例或是操作示範給受訓者看，再來請受訓者依照培訓者所教授的內容，實際操作一次，以確認不只聽懂，更要有能力熟練操作。

還有「做中學」的觀念，讓受訓者在實作中去檢討改善評估，而非考學歷、知識的筆試。執行的過程，去檢視受訓者是否在實務上能展現出企業期望的態度與能

顧問的提醒

◇沒有完美的個人，但有夢幻團隊。

◇實戰培訓方式是「我說給你聽、做給你看、換你做做看」。

◇只有針對高度認同企業價值觀與品牌理念的員工施予有效的訓練，才能培養出真正的主管人才。

三．打造團隊文化

連鎖型態的經營多數屬於商業服務業，服務業靠「人」在傳遞品牌價值，但在數位科技發展趨勢下，有逐漸往兩端發展的態勢：一邊是以人為主，強調人與人之間互動的溫度，是科技設備不易替代的價值；例如強調第三空間體驗價值的星巴克咖啡。另一邊，是為了成本與風險管理，逐漸以點餐設備與行動APP等科技設備來降低「人」的變異與成本，如麥當勞與肯德基的自助點餐機。

小型連鎖品牌的經營團隊跟著老闆走；大型超商的團隊，就要跟著系統與SOP（標準作業流程）走，團隊成員依循SOP演繹出品牌文化與價值觀，更把價值呈現在客戶的體驗感受上。門市內部成員之間、總部對直營店之間或加盟店、督導與門市之間的溝通與協調，往往是個大挑戰。不少中小型連鎖品牌靠的是企業組織習慣與慣例的口頭溝通，但這樣很容易因為組織僵化，缺乏完整的管理會議、報表與資訊的系統化溝通方式與文化，而影響團隊整合的戰鬥力。

門市任務：熟客經營

小門市的組織成員，基本編制是店長、副店長、全職與兼職員工。但不管店的大小，店內員工每天就像八爪章魚一樣，在客戶為重的前提下瑣事一堆。以服務為主的門市，如超商與超市，從早到晚照表操課，跟著公司定義的工作守則、標準作業流程來走。業務為主的門市，如餐飲門市，就要能主動出擊，深耕商圈。

無論是服務導向或是業務導向的門市，營業額與損益獲利都是經營階層最在意的事。好的銷售，其實在於專業的服務，了解客戶需求後，能推薦客戶最合適的商品，以服務帶動銷售，才能有效累積口碑客戶。

一間門市能長期獲利有好口碑，靠的不是每天的營業額，而是累積的熟客數。熟客規模數，決定了可以掌握的主要營收比例，熟客比重越高，相對的營收越穩定。但門市的固有客群也要有適當的流動，合理的客戶流失與補充，反而是件好事。門市的客戶數就像一桶水，不流動的水不會帶財。

營收主力多數落在實體門市，所以團隊成員不只要會用「筆」來規劃分析，回饋情報給總部，還要能拿「刀」衝鋒第一線，直接面對客戶做銷售與服務。

總部任務：支援前線

總部的後勤與幕僚，則是間接支援前線的夥伴，需要以下五種管理功能的落實：

管理功能	內容
組織管理	定義個人的職務、工作流程與內容，以及團隊之間分工合作的關係
管理制度	提供管理人事物要依循的準則與規定
資訊系統	這是企業的神經網絡，要能有效傳遞、整合前線與後勤間的營運資訊

財報管理	營運活動的結果計算與檢討依據
溝通協調	主要是以會議與報表來做溝通協調的管理。營運中比較不變的部分，可以靠管理；屬於變數的部分，就要彼此溝通協調。

千萬不要為了管理而管理。公司還不大時，重點是如何協助第一線達成公司目標，別把制度搞得龐大又僵化。小公司的制度要有彈性，重點在讓人員能力得以發揮，對外接觸客戶與開發市場，要靈活有彈性。只要制度能讓公司正常營運，員工覺得日常工作時的短、中、長期目標清楚，掌握優先順序且能被激勵，這樣就夠了。

好團隊的基本文化

企業團隊的戰鬥力，首重在領導者的以身作則。做事能夠掌握關鍵重點，去整合協調企業的目標、人力與資源。團隊必須要清楚誰是內部客戶、誰是外部客戶；

外部客戶，指的是付錢購買產品或服務的客戶，全公司都該清楚；內部客戶，是公司內部成員需要跨部門溝通的其他同事。在正確的客戶觀念下，每個人才能整合、集中資源與力量，有效達成營運目標。

另外，有良好的規畫能力，也才能讓目標更容易達成。針對目標，提出的企畫案要有能落地的執行方案。同時，還要有執行力，少了執行力，再好的計畫也無法落地產生效益。最重要的是，團隊要有持續反省改善、精益求精的文化。以上這些，都是好團隊該有的基本文化。

顧問的提醒

◇ 一家門市能長期獲利有好口碑，靠的是累積的熟客數。熟客規模數，決定可以掌握的主要營收比例。

◇ 企業團隊的戰鬥力，首重在領導者的以身作則。

◇ 團隊要有持續反省改善、精益求精的文化。

四・良好的連鎖加盟總部

觀察餐飲加盟品牌的發展，往往會發現一個新品牌的假性成功模式：經營者辛苦經營研發，一支產品在網路上突然爆紅，進而順勢發展成加盟體系，還快速擴大到海外授權展店。企業外表看似業績暴紅，其實內在的組織體質狀況沒那麼理想。加盟店的起伏很快，經常剛風光開店沒多久，不到半年就落寞倒閉。

品牌若靠老闆研發的好產品爆紅，接下來要有一個好團隊來分工，等企業大一點的時候，就要開始導入門市與總部的企業化營運管理，包括市場行銷、組織管理、制度規範與資訊系統等。企業從草創期、初生期，發展到成長期，隨著市場與組織變化，每個發展階段都是一次又一次的組織成長。這些管理議題，對多數業務與產品開發背景的老闆而言，需要有足夠耐心與毅力才能完成。

身為管理顧問，在看待加盟連鎖總部的成長狀況時，會先做以下重點式的診斷。

總部的基本診斷

診斷加盟總部有幾個基本構面。首先是看「財務」，該品牌加盟正夯，快速展店且滿手現金嗎？如此一來先別太高興，搞清楚是真的獲利賺錢，還是只是短期賺到營運周轉或加盟展店的現金。好好查核總部的內部財報，再來認真評估自己企業長期的經營實力。品牌快速展店，往往都有副作用，讓經營者被假性成功給迷惑。

其次，是從「市場」的角度。台灣有很多年輕族群的餐飲加盟品牌，都「參考」自韓國知名品牌的創業概念。但別忘了，品牌或商品創意是模仿、抄襲來的，若打開市場，也很容易被模仿、抄襲，形成短期流行的商品，讓這個領域快速進入紅海

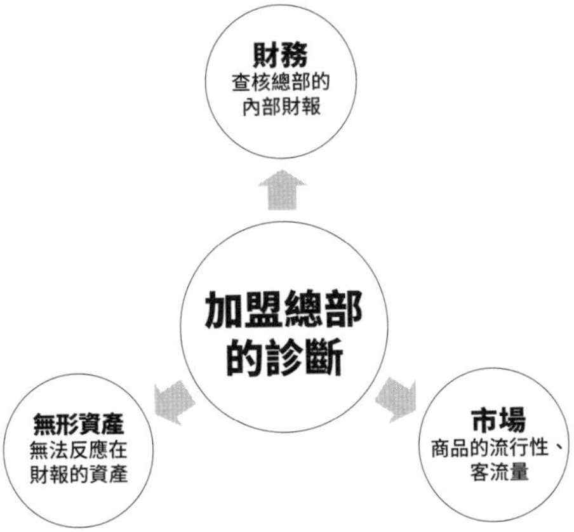

競爭。此外，餐飲加盟體系多數會發展外帶店，店群的布局，首重就是商圈的客流量，我們在第二篇也有談過地點與目標市場的重要性。

最後，「無形資產」是品牌加盟連鎖總部的重要價值資產，而且多數無法反應在財務報表的科目上，如品牌知名度、媒體曝光度、網路口碑數、企業化管理與團隊程度等。此外，加盟店群的品質也是重點。例如：總加盟店數中，多少店營運超過兩年？多少近半年才新加盟的店？獨立賺錢的店數占比多少？多少是賺錢後才展二店的？加盟店跟總部進貨總額的月排行前30%，有多少比例是穩定或下滑？

總部經營變革的關鍵

連鎖總部經營績效的成功關鍵，90%責任落在經營者身上，經營者需要先行變革。但經營者往往很難自覺，容易陷入自己喜歡做的工作與舒適區，無法客觀的面對自我，需要外部專家的提醒與協助。變革，只能早不能晚，必須在經營者還有能力時著手進行。

組織變革中，常見到一個選擇的盲點。第一個選項是「因人設事」，意即因這個人才的條件、天賦與資歷，來安排適合的職位。另一個選項是「因事設人」，組織要依據管理需求，設定這個職位的任務、職掌、工作項目與流程，再去找合適條件的人才來發揮。「因人設事」比較適合初創事業，而規模大的事業就適合「因事設人」。變革中，經營者往往會基於情感與信任因素，維持因人設事的習慣，自然無法打造企業良好的管理體質。

轉型，通常欲速則不達，真正需要的是「不疾而速」。先深入了解市場的真實面，細心規劃，且花時間落實溝通。規劃溝通的慢，是為了執行的快。疫情後的轉型，也是要先了解顧客到底改變了什麼？定義清楚客戶有哪些待解決的問題與情境？重新規劃新的服務流程，在企業品牌上創新增值，創造顧客聊良好的體驗價值。之後，才去重新調整商業模式與營運流程。

有效變革需要經營者以具體的行動來引導，勇敢先行，塑造變局的內部影響力。改變過程中，要讓有革命情感的夥伴成為墊高組織發展的基石，而非組織變革的絆腳石。

顧問的提醒

◇ 診斷加盟總部首先是看「財務」，品牌快速展店，往往都有副作用，讓經營者被假性成功給迷惑。

◇ 「無形資產」是品牌加盟連鎖總部的重要價值資產。

◇ 連鎖總部經營績效的成功關鍵，90%責任落在經營者身上，經營者的企圖心與意志力，是引領變革的核心力量。

第五章

連鎖系統

一・打造會賺錢的連鎖門市

張董在中部發展一個不錯的新滷味品牌，開了三家直營店後，短期間內就拓展了三十多家的加盟店。檯面上似乎風光，其實加盟店的展店成功率卻不高，多數在高調開業後，沒撐過一年。顧問到他的直營門市勘查與面談諮詢診斷後，只是淡淡的回了一句：「直營不賺，加盟不穩。」

對直營連鎖品牌來說，在每家門市投資都能賺錢回收獲利，是最基本的事。對加盟連鎖品牌而言，若沒有成功的直營展店賺錢模式，直營門市沒本事賺錢，更別說要複製給加盟店賺錢。

就算是有實力的連鎖大品牌，開店成功率也不是100％。更何況如果碰到商圈移轉，房東不合理漲租金，低調收店，其實也是正常的。部分展店成功率不高的新加盟連鎖品牌，往往高調開店，卻不敢讓人知道已經收了多少店。倘若加盟品牌總部，整天忙著參展辦說明會，靠人脈找海外品牌代理商授權，自己的直營店不賺錢，只是不斷造勢收加盟，那多數賺的都只是加盟伙伴的錢。

直營門市的獲利突破，別想找偏方，先從基本功開始自我診斷吧。

從消費者角度看門市獲利

從消費者角度來看，門市創造營收的力量，可以分為集客力、商品力、銷售力、服務力與品牌力等這五力。這五力看似個別獨立，其實彼此關聯，互相影響。

集客力，表示吸引客戶的能力，主要讓目標客

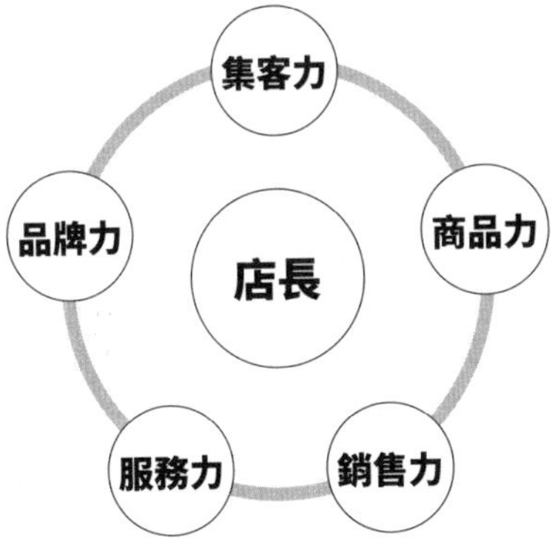

群能主動靠店或靠櫃，內容包括商圈選點、立地條件、形象定位、設計裝潢與陳列等。現在的門市觀念，還包含品牌為了能在FB、IG與Line@社群平台上能接觸到潛在客群，設立營運的品牌帳號，發展門市數位行銷的能力。

商品力，是指商品能引發目標客戶主動購買的慾望，具市場競爭力，能物超所值，一看就會：「對哦，怎麼沒想到可以買這個商品？」門市為了提高客單價與客群多元化，商品類別的組合很重要，簡單而言，通常要規劃吸引新客戶的體驗品、品牌形象定位的定錨品與賺錢的獲利品三種。

銷售力，是員工介紹、推廣的熱忱，讓客戶主動做出購買行為，以促進成交率。服務力，則是以優異的服務態度、文化與氛圍，提供客戶舒適輕鬆的購物感受。創造超乎客戶預期的需求與滿意，並引發客戶後面的持續購買與口碑推薦。當累積足夠滿意的客戶數與口碑，自然會形成企業的品牌力，建立消費者眼中無價的認同與信任。

從財報角度看門市獲利

從損益基本公式來看，想賺錢，就要提高收入、降低成本與節省費用。公式是：

收入－成本－費用＝淨利

也就是說，足夠的業績收入扣掉商品成本，再減掉日常營運門市的費用，即損益表上的基本獲利。但前提是營業收入賺來的錢，要能夠超過每個月的固定成本與費用，才能賺錢。

想提高收入，企業老闆在實務經營時，最重視的是來客人數。這些客戶包括初次購買的新客戶、客戶回購與推薦來的新客戶。想提升營收，就要重視商圈或指名的來客數在成交率與客單價上的表現。店面生意，最重視收入的長期穩定，最忌諱離尖峰與淡旺季的業績收入落差過大。在數位轉型時代，門市還要注意在網路社群流量、粉絲影響力、線上下單購買的流量等。

成本面上，主要是指進貨成本、加工包裝與人力的成本。商品不是比誰的成本低，要比的是哪一家品牌比較會採購或研發好賣的商品。好商品，不只成本比較低，重點是銷售周轉率要高。日常營運費用上，看似越低越好，其實費用只該區分該花與不該花。該花，就要算投資報酬率；不該花，就一毛不花。

門市無形的獲利戰鬥力

門市獲利想要突破，光靠理性的思考分析與企畫是不夠的，更重要的是門市團隊的無形戰鬥力。有好店很重要，但更重要的是要有好店長。好店長會針對門市商圈狀況、立地條件與客群屬性，以及手邊的人力與資源，做好門市營收、服務品質與營運效率。店長的領導力很重要，能以身作則，在無形中去影響每個員工，形塑門市團隊的工作氣氛與態度。

門市的無形戰鬥力，還具體表現在日常客戶服務態度與紀律要求。要習慣把每一個客人，都視為第一個客戶，熱忱用心的服務，並把每一個客人的事，都當成自己的事，做好每一件事的基本動作。門市成功的關鍵，都藏在每一個細微的小細節。沒有足夠的熱忱與用心，就無法在細節處累積足夠的價值。

無形的戰鬥力，多數要靠人來實踐。成員的挑選與培訓非常重要，挑對人，培訓就自然經鬆。好員工需要不斷持續的培訓與要求，沒達到標準前，千萬別輕易輕易到門市去值班工作。上陣後，未達標準就要重新要求，強化培訓。選馬，其實還不如賽馬。從外部客戶端思考，如何創造客戶進來購買的價值，更從內部門市理性分析思考，如何創造價值，讓損益表結果漂亮。內外兼修，基本動作扎實，門市自然賺錢機率高。

顧問的提醒

◇條件再好的門市，也有人做到賠錢。條件再差的門市，也有人把它做到賺錢。

◇若沒有成功的直營展店賺錢模式，更別說要複製給加盟店賺錢。

◇門市想提升營收，就要重視商圈或指名的來客數，在成交率與客單價上的表現。

二・零售連鎖的經營管理重點

連鎖零售可以概分為店面零售與無店面零售，店面零售是指如7-11與全家便利商店、全聯超市、Sogo與微風百貨公司、家樂福、大潤發與Costco好市多量販店、蘋果與Adidas專賣店、一〇一與華泰購物中心等。而人員直銷、多層次傳銷、直效行銷與自動販賣機等，概稱為無店面零售。

零售連鎖的發展趨勢主要在擴張規模，大型複合式經營型態增加，更是國際大品牌的必走之路。零售連鎖的規模經營，最大特色是需要強大的供應鏈支持，像是全聯超市打造全台最大的冰箱，斥資數十億元在北、中、南設置共六座的生鮮處理中心；家樂福發展食物轉型計畫，與國內小農與農會合作推廣有機契作；7-11的全台物流送可分為常溫（捷盟行銷股份有限公司）、出版品（大智通行銷股份有限公司）、低溫、鮮食（統昶行銷股份有限公司）四大系統來支援。

零售連鎖的基本核心

毛利額貢獻度與存貨周轉率，是零售連鎖經營的兩個基本核心。

毛利貢獻率＝銷售額占比 × 毛利率；這是指某產品產生的毛利，占公司總毛利的比例。毛利＝銷售收入－銷售成本；毛利率＝（銷售收入－銷售成本）／銷售收入 ×100%，也就是毛利占銷售收入的百分比。毛利率越高，代表企業「創造附加價值」的能力越高。

我們期望可以用較少的產品品項與數量，為公司創造更多的毛利。毛利率高的商品，要能銷售得更多更快，才能儘早賺夠多毛利給公司。也就是說，看似利潤高的商品，要能賣得動，才會是通路上的好貨。例如 Apple 的 Mac 與 iPhone，幾乎都是毛利高且熱銷的獲利好商品。當然，若是商品組合夠漂亮，能有效組合引客商品、體驗商品、品牌商品與獲利商品等，提高客戶的購買慾望，對業績與毛利的貢獻度就更高了。

存貨周轉率也是零售連鎖的大事，也就是要能貨暢其流。存貨周轉率＝銷貨成本／平均存貨，也就是某段時間內的出庫總金額（或總數量），與該時段庫存（或數量）平均金額的比例。提高存貨周轉率等於加快資金周轉，提高資金的利用率與變現能力。

傳統零售是供應商想把貨推到通路去，現在的通路經營是把貨留在供應端，儘量在客戶下單時，再快速出貨就好。零售流動的經營，不是只有比誰會賣，更重要的是比誰會買。能挑到好賣且賣得快又多的商品進貨，採購力也是零售經營的重要核心能力。

零售連鎖的常見問題

綜觀零售連鎖品牌的發展，常見的經營問題有三。

首先，是商品組合沒有策略，忽視了品牌定位與目標客群的關聯性。例如社區型的連鎖品牌門市，家庭主婦是主力客群之一，自然會以日常用品或食品為主。而社區型的連鎖 3C 門市，高單價且難操作的家電用品，自然該是銷售的主力。

其次是熱衷導入新科技，忽略人性才是做生意的基本。因疫情而導入的數位轉型，也別陷入科技迷思中。例如亞尼克在捷運裡設立的無人販賣機 YTM，或是 7-11 的 Xstore 與大潤發的無人商店 LifeStore 等，經營者認為的「方便」科技，不代表客戶也喜歡這樣的方便。打敗科技的方便，往往是人的行為習慣。人與人間互動的溫度，在商業價值上迄今還是只能做到部分替代。因此多數創新領先的業者，都還在創新改革的道路上努力奔跑著。

最後的問題是基礎管理建設不夠強。很多中小型連鎖店，連基本的庫存進銷存貨與資訊系統都運作不順暢，金流、物流與客戶流的商業資訊都無法管好，哪來即時且精確的營運報表分析決策？要搞定這些基本問題，再來談精準行銷。之後，也勉強才有資格談大數據。

零售連鎖的管理重點

下面提供零售連鎖的幾項管理重點，給正在成長中的零售經營者參考。

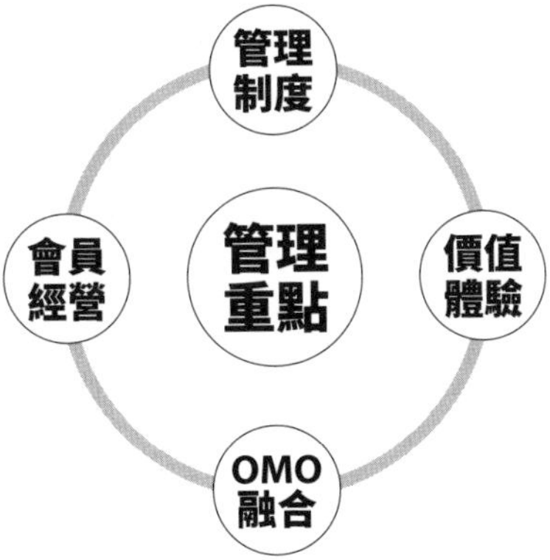

1、管理制度

帶好人與管好事，都是領導者的大事。管理制度的重點，主要在規範人與事之間的系統規律性。無論是辦法、流程、規定與守則，好制度不在於複雜詳細，在於管住重點與關鍵。但也別忘了，最好的管理制度是企業文化，而非僵化的流程與系統。

2、體驗與競爭力

零售與客戶間的最終關係，是好商品與好體驗，目標重點在業績、毛利、重複購買與推薦。新零售不只是在市場端客戶體驗的提升與改變，整合供應鏈更是重要。兩者結合，能縮短企業價值鏈的長度，提供更強大的市場競爭力。而「體驗」的戰場已經進入以客戶為中心，在善用行動科技的虛實融合場域中。

3、新零售的OMO

科技，始終來自於人性；事業，始終來自於生意。要善用科技，但不受限於科技。再新潮厲害的科技，若忽略以客戶人性為中心，早晚會受到教訓。線下門市若能結合網路科技，如全家超商的手機會員服務，方能打破傳統商圈客群與獲利模式，為實體門市裝上一對隱形的翅膀，提供客戶更豐富方便的購物服務。

4、會員經營

品牌要能真正深耕客戶，發展「牧場養牛」的觀念，建立與客戶間的長期關係，而非傳統的「池塘捕魚」，只注重流量與快速業績的殺雞取卵。品牌的真正價值，不單單只是企業名牌的知名度，更重要的是你有多少認可品牌價值、且願意付諸行動購買推薦的客群。新零售時代的會員經營制度興起，如知名品牌的星巴克、全家超商與Costco等，更是業界標竿，值得參考學習。

顧問的提醒

◇零售連鎖品牌的發展，最常見的經營問題是：商品組合沒有策略，忽視品牌定位與目標客群的關聯性。

◇零售連鎖的科技化，是要帶給客戶方便，也讓企業營運更有效率，但別忘了人性的互動價值。

◇零售連鎖「體驗」的戰場已經進入以客戶為中心、善用行動科技的虛實融合場域中。

三．服務連鎖的經營管理重點

你每週會去兩次 WorldGym 健身中心，老婆常去小林髮廊與詩威特美容嗎？有房子要賣時，會找信義還是台灣房屋？小孩要升學，是去北一補習班嗎？這些美容ＳＰＡ、美髮、健身房、清潔、維修、仲介與補教等服務業，都是以連鎖型態經營的服務型連鎖。

服務型商品多屬於即時生產，也就是提供服務時，同時生產服務。服務的提供，都在當下，無法形成有形的庫存。過了當下時間點後，服務的能量就沒了。多數服務業的傳遞靠人力，所以很注重人力的專業與服務技術。

一個經濟體、城市或地區，往往在景氣起飛、人口與所得增加時，周邊小型服務需求就容易增加。此時，一些大型商業服務組織，如揚昇高爾夫球場、World gym大型健身中心與沐蘭頂級SPA等，也會因房地產的蓬勃發展開始興起。之後，隨著經濟較成熟，進而發展多樣的服務連鎖的品牌化，如房屋仲介、美容美體與補習教育等。服務連鎖的發展，多數以內需市場為主，但在當地市場成熟後，服務品牌的海外授權發展就會跟著興起。

服務連鎖的基本原則

以美容業為例，服務要件在人、技術、流程、情緒的體驗價值上。美容師是傳遞服務的重要載體，但美容師卻是一項很不穩定的變數。服務技術的獨特性，則包括手法、熟練度、工具、標準化與客製化能力。

服務流程是從客戶看到招牌或形象廣告開始的第一眼，到接受服務、直到客戶離開服務場域。體驗過程若是需要多人去傳遞服務，服務品質也就更容易變異。客戶在每個感受點的價值累積，才創造出品牌的整體感受價值。

服務業連鎖化後，為了形象與品質的一致性，必須把專業的服務標準化後，並對人員施予訓練。為了讓服務流程能穩定，會在門市與總部之間再導入合適的工具、設備與系統。每家門市的硬體設備、陳列展示、服務流程與品牌形象，也要維持一致性。連鎖化後，最難在門市將很多元素都標準化，但給客戶的價值、感覺卻要很個人化。

服務連鎖的常見問題

服務連鎖品牌的經營好不好，從專業顧問的角度來看有幾個問題。首先是時機，景氣好，場域空間的建造投資成本較低，客戶的消費意願都高，自然股東的投資意願較高。同時，如果景氣好，房地產投資運用效益高，所以多數投資股東往往也有建商相關背景。反之，景氣不好且時機不對，投資再多，效益也不高。

其次，是投資規劃的人是否有產業實戰經驗，若未考慮到將來營運的效益與效率，到時候要修改、變更就不容易，例如以往在全盛時期投資一〇一旗艦店的佳姿健身集團，就在投資規劃與判斷上摔了個大跟斗。承載量——這是服務業營運的大重點，如空間使用坪數運用、美容椅數、健身設備數、休憩清潔設施數等，影響到市場需求與服務能量間的平衡與投資效益。尖峰時間的排隊問題與離峰時間的多餘產能運用，更是影響損益的大議題。

穩定的服務連鎖品牌，多以經營長期客群為要務。反之，若以開發客戶為主，往往會面臨短期業績高，中長期的經營品質不佳。像是一些外商健身品牌剛入台灣時強力開發業務，不顧會員的大量流失率，以創造短期現金營收為主，逐漸就壞了品牌的市場口碑。

服務連鎖的管理重點

首先是獲利模式，如複合式健身中心、三溫暖與金融服務等服務業，因需要場域空間與設施設備，所以在資本設備的投資為多數，其次才是人的費用。因此，只要過了損益兩平點，毛利通常極高。多數服務業會賺錢的模式，是以服務為策略，以買賣為主要獲利內容，如技術、設備、培訓、教材、授權或房地產等。在連鎖化後，這樣的結構就會更有規模效應。

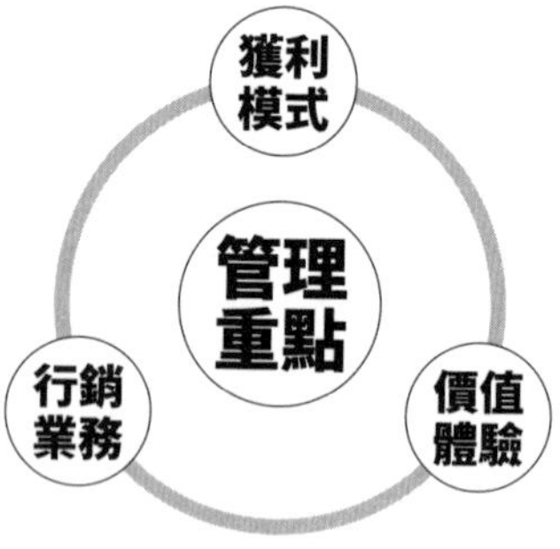

其次是價值體驗。體驗是個人的感受，會受無形的場域氛圍、互動、情緒與感覺影響。客戶從看到品牌形象、外部資訊、進入場域的第一印象，與之後一系列人員帶來的服務，直到離開場域，這樣的流程需要細節上精確的管理。為了服務品質穩定，就要有標準化與流程化管理，這有賴於良好的企業文化、資訊系統、領導團隊與培訓體系的建立，才能解決連鎖化後的複雜化。

最後是行銷業務。在服務連鎖業，品牌、行銷與業務需要三合一，並在總部與門市間做密切的分工合作。如果把品牌行銷業務推展，看作是陸海空聯合作戰的話，銷售目標便是登陸目的；市場調查計劃負責提供前線情報，品牌廣告行銷是空軍轟炸，業務推廣計畫是海軍掩護，業務人員的銷售管理計畫就是陸軍的行動。行銷是空軍，要帶氣勢引客與創造市場期望；業務是陸軍部隊，要達成銷售目標，以服務創造客戶價值，而品牌則是客戶認知的累積。

服務連鎖的發展中，「數位科技」已是品牌要長期發展必運用的工具，更是發展海外市場的必要條件。無論是社群行銷、科技設備與數位內容等，發展得夠好，就可以成為品牌的核心競爭力之一。除了可以擴大市場範圍外，更有機會可以掌握智慧財產權，做為進軍海外的大籌碼。

服務連鎖的實戰議題

服務連鎖的品牌經營，智慧財產權是項重大議題，包括商標、專利與著作權。品牌 Logo 要合法註冊外，也要考慮到規模連鎖後的山寨問題。像是教具設備的專利申請，若沒有足夠的技術門檻，競爭者或抄襲者的擦邊球策略防不勝防。著作權的範圍，包括在實體與網路上的文章、文案、圖片、照片的使用或引述，都需要考慮到法律、成本與競爭等變數影響。

如美容美髮、補習班與培訓中心等類型的服務業連鎖，除了培訓內容分級外，也會導入分級證照制度。培訓與證照的運用，往往會藉由整合產業相關人脈，合法成立社團法人的協會來營運，增加市場公信力。基本上，是把培訓課程分級，培訓後經過考試評鑑，合格者再給予證書，佐證培訓後的成果。

在業界實務上，會有不少公信力擦邊球的營運方式。例如，跟大專院校的教育推廣中心合作，頒發類似學分證書。協會理監事大多數都是業界有規模的連鎖品牌經營者，彰顯未來就業時，證照在業界的公信力。或是以成立協會的方式，來參與政府相關計畫的招標，藉由執行政府計畫，彰顯培訓專業性與證照的公信力。

疫情下的服務連鎖營運，提供服務場域空間的安全性受到高度限制，勢必要重新審視客群的需求與行為改變，引進數位科技的思維，重新打造新的服務流程，創造出客戶認可的服務型商品與價值。

顧問的提醒

◇穩定的服務連鎖品牌，多以經營長期客群為要務。

◇在服務連鎖業，品牌、行銷與業務需要三合一，並在總部與門市間做密切的分工合作。

◇服務連鎖的品牌經營，智慧財產權是項重大議題，包括商標、專利與著作權。

四・餐飲連鎖的經營管理重點

市場上能看到的連鎖經營類別中，最多的就是餐飲連鎖，包括中西式餐廳、速食、簡餐、火鍋、小吃、茶飲、咖啡、甜點與冰品等。光是在自己的日常飲食中，回想一下，有多少是連鎖品牌的門市？早餐吃麥當勞還是肯德基？午餐是在三商巧福吃牛肉麵嗎？對了，週日比較晚起床，早午餐是吃拉亞還是麥味登？晚餐跟家人吃西堤，還是瓦城？

餐飲業的入門門檻低，進入障礙也較少。台灣以加盟型態拓展的餐飲連鎖品牌，在早餐、飲料與小吃的比例極高。尤其是茶飲類別，不但在台灣遍地開花，品牌還能授權發展到世界各國，堪稱台灣之光。

雖然餐飲店容易開，但也容易倒。傳統單店經營，靠的是餐飲技術與客戶經營，廚師與產品是最核心的資產，技術門檻不高。但在連鎖化經營後，企業開始有了品牌、規模、系統、團隊、供應鏈等市場競爭力的門檻。理論上，連鎖品牌加盟的經營看似簡單，但實戰起來卻是不容易。

餐飲連鎖的基本原則

餐飲這一行有勞動力密集、不易標準化、人員流動率高、離尖峰落差大且備餐時間長等特性。基本上，客戶有內用、外帶、外送及三種混合的消費型態。營運上，有店內設置廚房與廚師的傳統餐廳型態，如海鮮餐廳；進貨食材或半成品後，在店內加工後銷售的早餐店與飲料店型態。餐飲品牌連鎖後，標準化生產、服務、資訊化管理與專業化後勤支援的供應鏈，更扮演著經營上的重要角色。

餐飲連鎖在實戰經營上有三個關鍵要注意。首先，是持續的來客數，而非短期的一砲而紅。一個餐飲連鎖品牌，若在各門市的每日營業上，無法創造持續且夠規模的來客消費，就難以支撐品牌的穩定經營。其次，是產品組合的吸引力，產品需要有策略組合，主商品、品牌商品、集客商品、獲利商品或體驗品等，但商品組合一定要能符合目標客群的需求，以及品牌定位的相關形象與服務。

最後，是營運管理效率。門市與總部的日常營運管理，要強調管理效率，也就是能夠比同業更快、更準確、更低成本，因此連鎖品牌就需要有完善合適的管理制度、營運流程、資訊系統與財會報表管理等。隨著門市數量的增加，總部管理成本卻不會等比例的大幅增加，這才有真正整合協調的管理效益。

餐飲連鎖的常見問題

餐飲連鎖品牌的門市經營，基層人員的流動率往往不小。這也代表第一線服務人員的品質與客戶體驗價值容易不穩定，對品牌形象的影響很大。店長的穩定度，儲備幹部的競爭與更新，總部幕僚的專業提升與穩定度，以上都是餐飲連鎖業人力的常見問題。

其次，是要有容易被複製成功的店，如茶飲店與早餐店等。連鎖化，需要的是可賺錢的標準店，不是特殊條件才賺錢的店面。很多連鎖品牌的創始店，其實多數都有一定的先天優勢才會成功，可能是自己的店面、特殊商圈條件、自家人在經營等，或者是在早期連鎖店經營還未成熟，景氣好加上競爭少的市場條件，但以上這些在未來展店時卻多數都無法複製出來。

最後，是多數小品牌忽略的重點——總部的管理功能未能有效發揮。很多新興連鎖品牌不論直營、加盟店都開了不少間，但是往往會到一定店數規模後，反而賺的錢變少了，管理問題也層出不窮，人員流動率居高不下。此時，多數問題都出在總部未發揮應有的管理功能，反而因為店數與營收增加，擴充總部編制，胡亂投資高額的資訊系統建置，造成管理複雜與混亂化。曾經登上媒體負面報導的連鎖品牌，如清玉與英國藍茶飲，都是因為管理原料上出了大問題。

短期內，Covid -19 疫情帶給餐飲業極大的衝擊，業界目前有幾種應對方式。如：

1、與外送業者合作

2、自建外送車隊

3、多元行動支付

4、方便外送的商品包裝或新商品

5、經營社群，引導新客流

6、重視熟客深化經營

隨著疫情影響逐漸明朗化，相信會有更多業者找出合適的解決方案。畢竟，歷史向來都證明：不是強者生存，是適者生存。

餐飲連鎖的管理重點

要有效做好餐飲連鎖品牌的經營，提醒以下管理重點。

首先是品牌定位與行銷，這是建立在客戶心中的認知：你是誰？客戶把你當成誰？定位越聚焦，力量越大。若你樣樣都捨不得放，什麼客戶都要收，就很難有精準的形象定位。品牌行銷的方式，無論是虛實作法，目的都在打中期望的目標客戶，並期望客戶能有口碑行銷，滿意回購且能推薦新客戶。

其次，是門市布點策略。門市的商圈地點選擇，往往就決定主要客戶的來源與規模。要開大店或是小店，店間的距離、店數規模等，都是大學問。店與商品的組成結構，也代表業績的結構。到了新零售的世界後，實體商圈的概念要調整為以消費者為中心、虛實融合的生活圈概念。也就是說，除了消費者實體活動的商圈外，更要加上日常不離手的手機網絡生活型態，才是更完整的商圈概念。

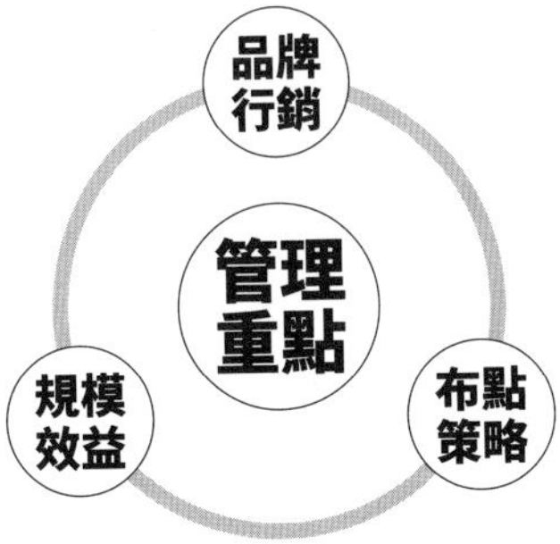

最後，是規模後的效率。若是店數多了以後就管得更糟，那代表管理效率不佳。通常主要問題出在總部的管理體質不強，如合理的組織編制與分工、營運與進貨管理流程、管理資訊系統與財會管理等，或是門市現場的營運流程與日結帳管理沒做好。但若要把連鎖規模做大，擁有品牌與成本規模效益，老闆就要深入研究有規模的營運管理。

顧問的提醒

◇連鎖餐飲業經營要有容易被複製成功的店。連鎖化，需要的是可賺錢的標準店，不是特殊條件才賺錢的店。

◇餐飲經營，最難在品質的穩定。多數問題都出在總部未發揮應該有管理功能，反而因為店數與營收增加，擴充總部編制，胡亂投資高額的資訊系統建置，造成管理複雜與混亂化。

◇要有效做好餐飲連鎖品牌的經營，首先是品牌定位與行銷，期望客戶能有口碑行銷，滿意回購且能推薦新客戶。

第六章

加盟授權

一・發展賺錢的加盟授權模式

兩位大學同班同學到星巴克聊有關一起加盟創業的事。「要多比較啦，而且現在網路上還有線上加盟展，資訊都整理得很完整，我們先來蒐集資料研究。」「本來想說做早餐店比較穩定，但看那家珍奶連鎖品牌，這兩年很有名，而且門市生意都不錯，我們可以考慮看看。」

近十年來，台灣連鎖加盟品牌不斷的對外拓展。從本地加盟展店，到海外區域或授權發展，如CoCo與一芳茶飲等，這些發展授權成功的品牌，多數拜近年中國市場興起的龐大商機所賜。消費者的購買力強勁，品牌代理商也很願意投資品牌代理費，品牌商共同發展市場。

連鎖品牌的加盟授權模式很多，發展的業種與業態更多。台灣最常見的是餐飲加盟，其中數量最多的是早餐連鎖如拉亞漢堡、或茶飲連鎖如 CoCo 與歇腳亭。大型的加盟型態，多數是如統一的 7-11 或全家超商。飲料加盟品牌的發展速度最快，新品牌不斷出現，看似店數多，往往倒店數也多。因此，輕資產的飲料加盟品牌，需要不斷的招募加盟店來補充門店規模。

加盟招商的行銷方式，最常見的是參加連鎖加盟展、店頭行銷與網路行銷。全盛時期，每年從南到北都有展，春季大展更占滿整個世貿展覽館一樓，人聲鼎沸，各國也前來取經。迄今，更發展出線上連鎖加盟展，一年到頭隨時在展。近來因為加盟知識與資訊普及，總部也開始以理性的小型加盟說明會來與準加盟者互動。

授權的核心思維

加盟授權的核心思維是「複製成功，讓成功更簡單。」簡單，不代表容易，需要累積的實務經驗，以及專業的複製能力，才能協助加盟店成功經營，門市獲利。由於市場快速改變，競爭增加，外送興起且數位科技運用開始普及，品牌直營店是否跟得上市場？否則，反而傷害更多的加盟店！

在加盟後，開始使用同一個品牌、商業模式、商品、培訓與營運管理系統等，啟動門市生意，而且要持續在同一個品牌與規則下複製店鋪與商業模式，一起攜手做生意賺錢。因此，對於品牌的整體發展布局，總部要把直營店與加盟店一併考量規劃進去。尤其是投資規模與客戶經營，是發展的核心重點。

景氣好時，門店條件好且客源多，加盟開大店的成功機率高；當景氣差時，加盟店的規模宜小。寧願初期小賺就好，先立於不敗之地，穩穩的賺；寧願多開幾家風險低的小店，也不要貿然開大店。其次，你的主要客戶有多少是老客戶？抑或多數是流動率高的新客？品牌的長期價值與獲利，靠的是穩定老顧客的口碑經營。

加盟總部的正確心態

加盟成功的前提是選擇「對的加盟主」。要維持一家產品品質好、服務好、口碑好且具有集客力的獲利店面，比你的聰明才智還有用。加盟主必須在加盟者滿意與經營獲利時，才能找到成就感與未來性；才能耐住寂寞，獲得成功。

沒有萬能的品牌總部。總部雖然很有開店經驗，不代表每次都會開出成功獲利的店面。要是開店那麼好賺，總部幹嘛不自己開直營店來賺？關鍵在於規模與風險。總部想藉由加盟主的資金與能力共同承擔風險，才能讓店數規模擴大，讓整體品牌獲得市場占有率、品牌聲量、採購效益與管理效率等優勢。

有些缺乏經驗的加盟者，誤以為排隊名店就一定賺錢。這是錯誤的觀念，也讓不少新興品牌總部誤入歧途，不願花時間在打

穩經營管理的地樁，而是不斷變新花樣，吸引一堆想速成的加盟店主，最後往往雙輸。其實，低調不誇大的品牌，通常才是真正賺錢的品牌，也是真正有實力的品牌。

加盟總部的成功關鍵

若無法把直營店做到成功賺錢，就很難有成功的加盟店。新門市要一砲而紅，只要掌握創意與新鮮感，往往不難。重點在創造穩定的營收、客流，這就不太容易了。總部的成功經驗要能複製，這需要在地化，總部品牌很有名、產品很厲害，但真正的挑戰還是在如何掌握與客戶互動的價值，持續創造滿意的客戶體驗。

一位加盟主如果連門市接待或小店營運都沒經驗，如何去營運大店，還要負擔每個月不小的租金與人事費用？就算營業額夠大，多數也是短期運氣好，最後空歡喜一場。總部要經營成功，往往需要先有捨才有得。讓很多加盟主先贏，總部才會細水長流，賺得長久。

品牌的海外代理經營，更是難度高的生意。對總部來講，投入現金資源少，看似本小利大，但要挑到資本夠、現有資源與團隊有經驗、有實力、且願意好好經營門市生意與品牌口碑的代理商，就不太容易。將心比心，代理商花越多代理費，就越容易想儘早投資回收，也想要彼此借力使力。目前比較成功的知名案例，多數是在時機好的時候掌握商機，一飛沖天的同時也引進資本投資與專業人才，打下總部管理的好根基，如茶飲店 CoCo 就是很好的代表案例。若只是想要短期轉代理商的錢，多數最後是賠了夫人又折兵，兩邊不討好。

加盟者須具備的正確心態

在成就品牌與合夥發展的理念下，總部要能兼顧到彼此的獲利，加盟者則要負責把店經營好，做好品牌、品質、服務、營業額與行銷活動配合。

加盟者別誤以為找到爆紅品牌加盟，就是成功的保證。品牌總部從經驗中歸納出來的獲利 know how 與團隊資源，就算用在總部自己的直營店，都未必能賺錢。加盟店一定要比直營店更用心努力，而非把獲利責任推給總部，才能提高成功獲利的機會。

加盟店在開店初期，一定要跟著總部的要求，認真從做中學，虛心向總部與賺錢的標竿店觀摩學習，在市場實戰中，儘快調整出自己的獲利模式。門市工作是很辛苦的，一但加盟後，就要思考的是如何善用總部的經驗與資源，提高加盟店的存活率，否則一開始就不要走上加盟這條路。

顧問的提醒

◇ 加盟授權的核心思維是「複製成功，讓成功更簡單。」

◇ 加盟成功的前提是選擇「對的加盟主」。

◇ 直營店賺錢的能力，決定加盟店賺錢的能力；規模店數賺錢的能力，決定連鎖品牌的整體獲利能力。

二・連鎖加盟品牌的資源效應

「你有沒有發現厲害的茶飲連鎖品牌，發源地來自台灣中、南部居多？一芳從台中發跡，50嵐從台南開始。」「咦？老師，好像眞的這樣。爲什麼？」在一次連鎖加盟的管理課程中，這些產業小主管的好奇心被挑起。

不少輕資產型的連鎖品牌發展，往往會有特殊的資源效應，品牌的成功崛起有很大比例是因為善用某些獨特資源來發展的，如創辦人或股東的人脈、自有資金，或因為地利之便而動用在地特殊的資源，如知名連鎖飲料品牌的迷客夏，擁有生乳來源的特殊資源優勢，發展「沒有奶精」的手搖飲。

企業因擁有不同的有形和無形資源，且具備將這些資源轉變成獨特能力的本事，在市場上形成優勢的市場競爭力。這些資源，在不同的企業間，有時是不可流動且難以複製的，因此如何創造企業經營的獨特競爭優勢，掌握且善用獨特資源，是連鎖加盟品牌發展的重要議題。

不少知名烘焙麵包連鎖品牌的主要股東，本業多以食品製造業為主。或像美福國際為牛肉冷凍冷藏肉品進口與銷售的知名進口代理商，擁有優質且低價的牛肉貨源，進而往通路開發牛肉麵連鎖品牌，期望能大量展店，成就連鎖品牌的市場價值。

在地資源效應

能善用在地資源效應，如當地商用環境的特殊價格與成本效益，對品牌企業的發展極有幫助。以中部地區的餐飲業為例，若連鎖品牌與產品有亮點、創新，產品價格可以比照接近台北行情，但當地的租金與人事成本，對比台北地區，卻相對較低，因此提供連鎖品牌較良好的發展環境。

租金與人事成本，是連鎖門市經營財務報表上成本費用的兩個大項。要賺錢，不是提高營業額，就是降低成本與費用。大家知道，要發展一流產品或品牌，需要有戰略位置的高度與知名度。但擺在二流商圈，仍可以吸引人潮主動上門消費，品牌一流，且在二流商圈，就能有足夠的談判力，享有三流租金的優勢成長條件。

以茶飲連鎖加盟品牌為例，中南部地區明顯擁有在地較低成本的優勢，也能掌握穩定的優質貨源。知名的迷客夏、茶湯會、大苑子與一芳等，都是從中部發跡。而50嵐與清心福全，都來自台南。

區域市場的影響力

資源效應，還包括對個別區域市場資源的影響力，這些資源多數掌握在對的加盟商或代理商手上。譬如，在台灣要跨區或是跨國去展店，必須掌握各地不同的消費習慣，藉以調整產品的市場接受度。連鎖品牌到海外市場發展，多數最難搞定的，也是在地市場的文化習慣與資源的後勤補給線。

以茶飲為例，根據調查與門市經驗，南部民眾的消費習慣較喜歡超值的大包裝飲料，北部則對新奇飲料接受度較高。北部消費者偏愛無糖、微糖飲料，南部消費者喝手搖飲料時，明顯愛加冰塊。中部喜歡特色包裝、有特色、故事性；喜歡花草類別、有茶香，茶雖苦卻能回乾，但口味偏甜。

連鎖品牌總部在品牌核心元素不變下，以固定的形象、包裝、定位概念與服務做主軸，但應在價格與產品上保留約20%左右的調整空間，協助跨國或跨區的合作夥伴，依據當地市場的價值觀與消費習慣做變化，如原料、甜度、酸度與咬勁等，以研發相對應的口味與口感。

連鎖品牌發展的天地人

總歸來說，要有效發展連鎖品牌，可依據中國傳統的天、地、人三才之道，也就是從天時、地利與人和三個角度來看。

天時，即借力使力，包括趨勢、政策與人氣等。大方向要跟著長期趨勢走，像是健康、文創、年輕與懷舊等大趨勢。政策方向與法律限制，也會限縮發展的可能性，大品牌比較能承受政策與法律改變的衝擊，小品牌的抗打力就比較小。你的品牌方向、定位與原則的元素，千萬不能偏離這個主軸太遠，才能順勢借力發展。

多數知名品牌，初期因為某支產品而莫名爆紅，或是辛苦耕耘多年，在掌握到一次機會後，趁勢讓自己崛起。年輕的流行品牌，看似好操作，容易藉由網路、口碑與活動來吸引消費者的注意力，但短期爆發的流行，也很容易因為同業或消費者的一窩蜂現象，進而過度刺

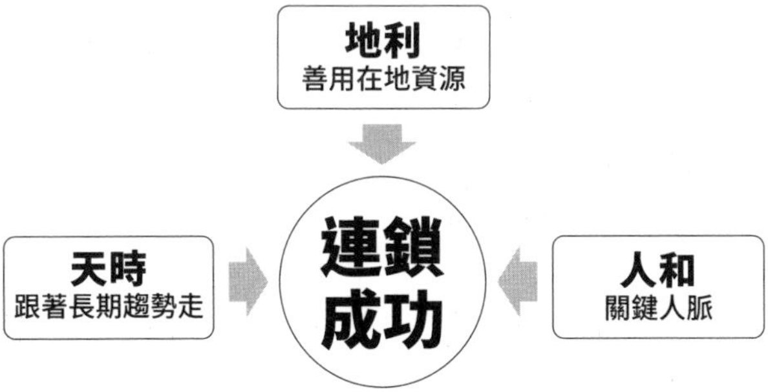

激不理性的消費與市場競爭。新鮮感熱潮過後，這股流行容易退燒，造成品牌發展的低氣壓。這個問題，不只發生在你家品牌身上，在競爭者身上也會發生。

地利，是要善用在地資源。如物料、特色產品、人才與周邊服務等，且取得的成本最低、快速、有效又便捷。若是能掌握在地市場高價值且稀有的資源，如茶飲連鎖品牌，要能掌握品質好、價格合理且供貨穩定的原料，更能以特殊資源優勢建立順暢的供應鏈資源管道，加值品牌發展市場的核心競爭力。

在人和的部分，人要對，才能善用地利的資源之便。重要資源，往往都是跟著關鍵人脈走。尤其海外授權資源除了跟著地理位置走之外，也會跟著人脈走。因此，在品牌的海外授權上，優質代理商不只要擁有資金實力，重要的是能否掌握當地的發展資源與主要市場影響力，並有能力將關鍵資源挹注在品牌前期的拓展上，以降低風險，提高成功率。

不只是產品與定位的持續創新，經營者的程度與能力也要提升，才能有效累積品牌力。團隊成員是經營者的分身，也是企業內部的最大資源與核心能力。老闆最怕的不是沒人才，而是有大機會、大市場時，公司沒有可信任的人才來運用。也就是說，擁有好的投資者、經營團隊、策略夥伴與代理商，才能讓品牌發展上天堂。

連鎖加盟品牌的格局與觀點

連鎖加盟品牌的市場發展真的每況愈下嗎？其實跟經營者的格局與觀點有極大關係。若只看台灣這塊小市場，自然覺得景氣不好，競爭激烈；但若用心從不同觀點、從整個亞洲市場來俯瞰，會發現可開發的市場還有很多。中國有十幾億人口，東協有數十億人口可以經營，怎麼會沒市場？

有時覺得市場發展困難，那是因為以前的環境過得太好、太舒適，忽略了市場本來就起起伏伏，在艱難與輕鬆之間風水輪流轉。若把時間軸拉長，看遠一點，會發現市場好壞本是常態。此外，別人的市場也會因為時間變動，而有鬆動且可占領的機會。

別說資金不夠，別說老闆沒給預算。現在讓人困擾的問題，從高處看下來，都只是小挫折與小事。好好培養你的經營高度、格局與態度，積極樂觀的去面對挑戰、承擔風險。

顧問的提醒

◇連鎖品牌到海外市場發展，往往最難的是在地市場的文化習慣與資源的後勤補給線。

◇要有效發展連鎖品牌，可從天時、地利與人和三個角度來看。

◇老闆最怕的不是沒人才，而是有大機會、大市場時，公司沒有可信任的人才來運用。

三・連鎖品牌海外授權發展

「顧問，我們這次參訪團到台灣來，主要就是想代理有潛力的連鎖品牌到我們國家去發展。你建議可以去談哪些品牌？」

我剛好擔任這次參訪團的隨團顧問，也安排了培訓與參訪解說的行程。「不用擔心，課程中會說明判斷選擇的主要因素是什麼，也會讓你們知道自己要準備什麼。」

台灣連鎖加盟品牌的向外發展，在亞洲、甚至全世界都十分有名。幾家發展不錯的連鎖加盟品牌早已不滿足本地市場規模的局限，紛紛往海外發展品牌的代理授權，如六角國際、歇腳亭、CoCo等知名品牌，也獲得不錯的事業發展版圖。

在台灣近年整體經濟起伏不定的狀況下，連鎖加盟品牌的海外授權早已是品牌總部成長的必要選項了。畢竟海外市場的發展空間大，尤其是台灣的連鎖茶飲發展成熟，在國外知名的品牌也為數不少。然而，多數連鎖加盟品牌想在海外授權代理，成績並不十分理想。

連鎖品牌的海外複製

無論是直營或是加盟的營運型態，連鎖品牌要能成功拓展，在於如何將連鎖品牌成功關鍵因素，有效的複製給加盟主或代理商。這些關鍵因素，主要包括品牌形象、品牌知名度、門市建置、商品組合與營運管理系統等。

海外加盟店的複製難度比直營店高。主要差別在商圈選擇、競爭狀況與加盟主的能力與用心。商圈與立地條件好的地點，租金自然高。競爭店可以模仿、抄襲你的特色，更可以在旁邊開一家類似的門市，跟你直接競爭。在海外代理授權發展時，複製門市的成功因素，還會因當地政府法規、風土民情、消費習性與能力不同等，而增加複製的難度。

在海外發展的初期，連鎖品牌要承擔包括對市場、法律、競爭的不熟悉，還有資金投資風險及核心人才的折損風險，加上後勤補給線長，且不易掌握市場狀況。連鎖品牌的海外初期發展，想靠自己單打獨鬥的去獨資發展，是真的有不低的難度與風險。所以除非你手下有忠誠的主管能派駐海外落戶發展，或組織規模與資本夠大，否則多數還是要找當地具備合適條件的代理商合作。

事實上，台灣海外授權發展的成功連鎖加盟品牌，多數也都有一個以上優質的代理商夥伴，以純代理或合資公司的合作型態，來共同發展市場，提高互補效益。如歇腳亭在台灣的門市不多，卻善於選擇合適的在地合作夥伴，讓其品牌的海外授權，在國際市場上大放異彩。

若與代理商合作關係不好，或是代理商眼紅自己做盜版，自然也會有不少風險。當然，你若認為自己做得比代理商好，投資更少，風險夠低，就可以考慮自己在當地設立直營分公司來發展。

品牌海外發展評估

連鎖品牌要發展海外市場前，先自己衡量一下基本條件：

- 商品是否適合當地市場與消費習性？能否在地化調整？
- 當地是否是高成長的市場？不只要借力使力，還要能借勢使力。
- 品牌形象、特殊設備工具與製程等等智慧財產權，是否在海外授權的地區已有註冊保護？
- 是否內部有兼具經驗與忠誠的人才，能不定期派遣海外協助培訓與督導？

● 原物料的供應鏈是否能因應當地，找到方便且低成本的方案？若由台灣本地遠端供貨，是否能在品質、成本與交期上，符合代理商的營運期望？

● 與代理商合作後，是否有彼此滿意的短、中、長期具體利益？

海外品牌代理授權合作，不只靠契約的力量，更要有一個能彼此共利的商業模式。在共利基礎下，培養雙方成為彼此能信任賺錢的夥伴。一個彼此能長遠信任的夥伴，是在辛苦努力合作下日積月累培養出來的。此外，也別忽略管理的力量。平常就要累積管理海外授權商的能量，包括制度、流程與資訊系統，這樣才能確保提供的相關管理與服務能真正到位。尤其，疫情後的數位營運管理，無論未來到哪裡發展，都是總部必備的管理能力

顧問的提醒

◇海外加盟店的複製難度比直營店高。主要差別在商圈選擇、競爭狀況與加盟主的能力與用心。

◇除非手下有忠誠的主管能派駐海外落戶發展，或組織規模與資本夠大，否則還是要找當地具備合適條件的代理商合作。不只靠契約的力量，更要有一個能彼此共利的商業模式。

◇連鎖品牌海外授權的成功發展，需要長期投入人力與時間。若只是短視近利，成功機率自然極低。

四・多品牌策略解析

「台灣的連鎖品牌發展中，媒體上常見一個有名的發展策略，叫做多品牌策略。聽過嗎？」在一次北京的餐飲總裁培訓班裡，我特別把這個議題在課程中拿出來討論，並讓這些老闆們發表自己的看法，現場氣氛頓時變得非常熱絡。

台灣小型的加盟連鎖品牌，多數屬輕資產的早餐與茶飲品牌，很容易發展成跟著市場流行走的機會主義者。市場現在流行炸雞、茶飲或火鍋，就開創一個新品牌。然而，總部若沒有堅持打好營運管理與市場布局的基礎，只想快速展店、賺錢，反倒造成加盟店品質的良莠不齊。

景氣好的時候，這樣打帶跑的品牌往往容易有小發展。尤其是餐飲加盟連鎖品牌，在台灣食品工業與供應鏈的強大支持下，不斷有新品牌出現。趁著中國消費市場崛起，更讓幾個品牌借勢發展，如CoCo、歇腳亭與50嵐。然而，碰到景氣不好，紛紛倒地的大有人在。尤其，到中國這樣的大市場發展，市場波動與競爭極大，後期進去的台灣品牌，多數都熬不過嚴酷的考驗而落馬。

單一品牌的價值

外帶或輕資產型態的店，複製時的變數較小且成功機率較大，如CoCo茶飲與cama咖啡。這樣單一品牌的發展策略，多數以直營或加盟方式優先發展店數規模。若要從台灣出發進軍國際市場，往往需要新股東的大資本挹注，才有機會在高成長市場且低競爭條件下，快速發展興起。

單一品牌在單店規畫上，要注意隨著市場環境變化而改變。如CoCo茶飲從原有的街邊外帶店，發展到有內用座位的店型。有些海外授權的店型，會因應當地的消費習性而調整，例如康青龍的外帶店，會因應東南亞的購物中心生態，升級為有內用功能的高級店。

此外，單一品牌會因為品牌效用，若有商品品質或服務問題，容易被媒體擴大負面效應，故對品質管理的投資應比較重視，如原物料檢驗證明、生產或加工製程、包裝要求、人員衛生與現場環境清潔等。此外，產品製作與營運標準化，更需善用科技設備與資訊系統的協助，以確保品質的穩定與一致性。

本土業者的多品牌策略

若想發展多品牌的策略，本身企業的體質要好、規模夠大且資本也高，如上市公司的王品集團就是知名案例。古人說：「半部論語治天下。」王品創辦人戴勝益說：「我用半部《論語》創立王品集團。」在獨特的經營哲學下，王品集團不但是多品牌策略的百億營收模範代表，也是台灣很多連鎖餐飲品牌的理想標竿。

王品自創「151」開店獲利模式，只開賺錢的店，若評估虧錢，馬上認賠關店。第一個「1」指的是單店投資金額，「5」是要有五倍的營業額，第三個「1」是一年要賺一個投資額。每家店都要賺錢，才能在規模連鎖中，不讓虧錢店成為發展的包袱，最後形成強強連鎖的連鎖品牌帝國。

王品採取多品牌策略、直營連鎖發展，每個子品牌都要針對區域商圈去深化，依據價位、產品與客群這三個變數，區隔細分出多個子品牌的市場。各子品牌都是利潤中心且利益與團隊共享，共用一套點餐、服務營運與管理模式。

不過，其他多數在台灣本土市場發展出來的多品牌，本質上多數是複合式的多品牌策略。每一個連鎖子品牌，都是依據當下市場流行的產品類型，自行發展一個品牌形象，來搶占市場的流行財。因業種業態的差異大，多數營運的規模都不大。依據企業老闆的格局與思維，這樣的多品牌策略其實各有盤算。

1、上市公司，刺激股價

上市公司如燦坤集團，本業是3C，也跨足投資旅遊、咖啡與蛋糕。為了集團多角化發展或長期轉型需要，也根據當時商業環境的風向需要，進而吸引投資人的注意，刺激股價上揚。每個子品牌都是利潤中心，但每個發展領域都有各自的市場特性與專業深度，與集團本業差異大，可共享的資源少。子品牌倘若虧損，為了集團面子，往往不易立即止血停止；若集團本業發展不順，這些副業品牌，更易有雪上加霜的負面影響。

2、合併營收，快速衝高規模

根據媒體報導，墨力集團旗下除了知名的一芳水果茶，尚有燒肉、日韓式餐廳與早午餐等數個品牌，近年來，集團積極併購具發展潛力的小品牌，再重新包裝品牌定位，藉由現有集團資源，快速培養拓店。在台雖尚未股票上市，卻也獲得海外大量資本挹注，在對岸蓬勃發展。二〇一八年時，一芳的全球總店數已突破一千兩百家。

3、區域操作，打帶跑逃

這樣的發展策略常出現在公司的第一個品牌屬於區域品牌，而且是在景氣大好時努力建立的。因為本業做得不錯，想要擴張成長，卻又擔心風險太大，看到其他品牌發展好的項目，就直接跟上潮流，發展新品牌。也因此，旗下的子品牌會比較雜亂，例如同時擁有火鍋、飲料、滷味或牛肉麵等品類。

4、跟隨市場，賭贏就發

這樣的操作策略，就是當下市場流行什麼便跟什麼，期望只要其中一支子品牌賭贏就大發，完全的市場導向。多數這類經營者的行銷業務能力強，擅長加盟招商或是新店開幕炒作，但也因為缺乏管理面的耐煩與持續力，雖然每個新品牌與新店面的開幕都能成功吸睛創造人潮，卻很難落實在長期經營的管理體質上。

根據企業擁有的條件、資源與創辦人企圖心不同，企業自然有不同的品牌策略。但要長期發展，終究還是要把管理體質打造好。才能站穩市場，獲利發展。

顧問的提醒

◇台灣本土市場發展出來的多品牌，本質上多數是複合式的多品牌策略。

◇每一個連鎖子品牌，都是，依據當下市場流行的產品類型，自行發展展一個品牌形象，來搶占市場的流行財。

◇無論品牌策略如何操作，單店獲利是因，品牌整體獲利是果。賺錢店數占總體店數比率，決定整體品牌的獲利體質。

五・新興連鎖加盟品牌的成敗

有個媒體朋友打電話來詢問，為什麼每年連鎖加盟展都有那麼多新品牌出現，但看起來似乎多數撐不了太久？「顧問，你在業界看過那麼多案例，也輔導過那麼多連鎖品牌。你覺得他們成功或失敗的關鍵是什麼？」我可以歸納過去的經驗來分析，但也特別強調一件事：過去可以參考，但過去不等於未來。

在疫情的壓力下，新興連鎖品牌的生存壓力特別大，行銷與營運上也加入更多數位轉型的觀點。實務上，可以看到幾個普遍問題：

1、供貨型總部的加盟店，多數沒賺錢，連直營店也賠不少。總部原本靠供貨賺錢，現在加盟店的出貨量大量降低，面臨降低成本與提高市占率的大壓力。

2、加盟店改為全直營的，反而有賺。在不景氣時，這樣品牌所屬的店數不多，且以精簡型為主，卻有好體質可以堅持下去。

3、不少品牌的加盟與直營店在台灣多數不賺，甚至大量縮編。然而，卻在中國與東協幾個國家的大都市遍地開花，大賺海外品牌代理授權。

4、原以多品牌策略為主，開發多支加盟子品牌，衝高業績與市占率。但在不景氣下，這些不具規模的子品牌多數苟延殘喘。

失敗看結果，成功靠觀察。100％的成功無法複製，但藉由專業觀察可獲得關鍵的成功要素，提高致勝機率。也可藉由子品牌失敗主因的分析，來避免會炸死品牌的恐怖地雷。

失敗六大主因

1、失勢：產品熱門一陣子後，快速退流行。直營店業績降低，加盟店多數賠慘且拓展難度提高，造成品牌總部產生大量現金缺口。

2、貪財：為降低成本或短期快速的創新，採用低價原物料，踩到食安紅線。在茶飲類的品牌中，一直有發生類似的食安問題。

3、躁進：新興品牌太快爆紅，擁有短期的小小成功，未居安思危。短期內，不斷開創新子品牌，發展多品牌。此外，企業老闆的個人業外投資或過度消費，也造成

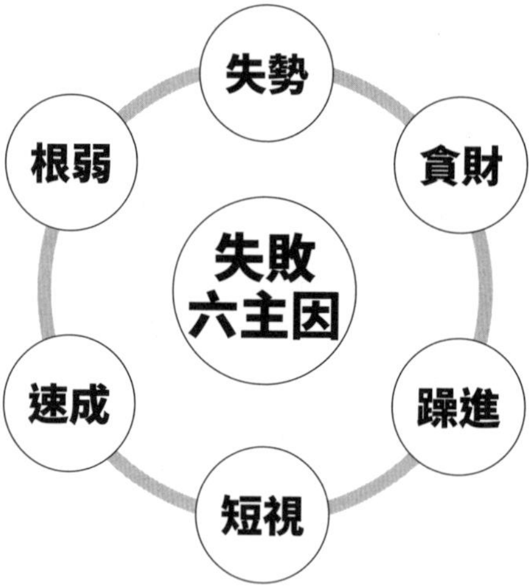

企業整體財務體質漸弱。

4、短視：未嚴格審核申請加盟者，來者不拒，短期快速拓展規模。打算賺飽後，就換個新市場發展，或另開發新子品牌再玩一次。

5、速成：藉由旗艦店形象或大量廣告行銷，操作市場目標加盟客群的期望，預收加盟現金、店面設計與設備裝修費。

6、根弱：總部與團隊根基弱，在組織架構、財務會計、資訊系統、營運管理、督導管理與市場回應管理構面上，多數能力不足以支撐門市營業體系的擴大。這些管理議題，往往也是多數輕資產加盟品牌總部在創業初期會忽略的要點。

將以上失敗經驗當作前車之鑑，可知四大改善處方是：謙卑、穩速、堅持、戒貪。

成功六大要素

1、專業：經營者會傾聽市場與團隊的聲音，找最專業且敬業的人才。永遠要跟著市場走，尊重市場消費者，更進而能開發出客戶喜歡的商品或服務。

2、團隊：經驗不代表專業，擁有一群人才也不代表擁有一個團隊。汰弱扶強，晉用有實力、敬業與專業並重的人才。有好團隊的老闆鐵定上天堂，否則投資後，老闆只能住套房。

3、根基：組織團隊、經營者、市場與財務，這是建構成功品牌的四大地基，少一項都不行。

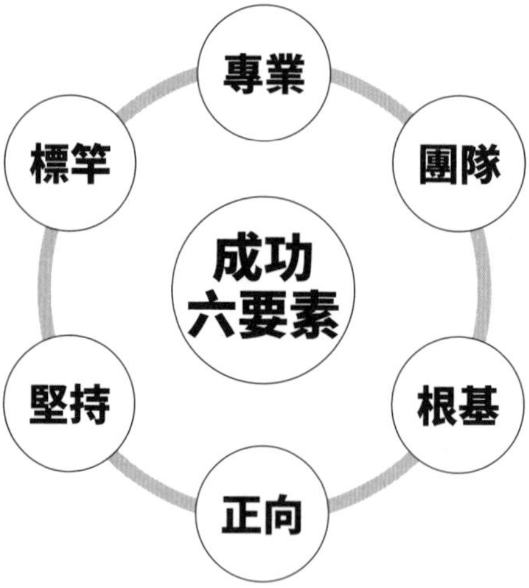

4、正向：經營者不求表相的完美，只求不斷完善品牌本質的進步。團隊要擁有專業並尊重消費者的文化。

5、堅持：不是只看短期的快速獲利，是針對加盟者的特質去慎選。對加盟與直營店會提供持續性的專業培訓，以及優質的服務、溝通。

6、標竿：以國際標竿品牌為學習模仿的對象，並跟著市場強勢品牌來學習精進。

發展的成敗關鍵

經營者要專注於厚植品牌總部的五大根基力量，也就是品牌價值、市場發展、業績成長、服務品質與團隊素質。在高成長的過程中，新品牌隨著店數增加與營業規模的擴大，每日交易的筆數勢必大量增加，營運管理變得複雜。最容易碰到的門檻與陷阱，是在組織管理上資訊、財會、制度與人才方面。資訊系統是處理大量重複工作的好幫手，財會結帳更要正確、清楚，做好報表，管好現金流量。無論門市、供應鏈與總部管理，都需要有清楚的制度流程來依循。當然，以上這些都要靠好人才來管理與落實。

品牌若要向百家店數進階發展或是進入海外授權市場，最需要關注在品牌形象與連鎖型態的發展策略。其次是策略布局，包括獨特差異、優勢定位切入點、展店布局、虛實通路整合等。最後，店數要規模化或要往海外投資拓展，就要著重於專業資本投資的運作。

顧問的提醒

◇如果新興連鎖品牌的總部與團隊根基弱，就不足以支撐門市營業體系的擴大。

◇新興連鎖品牌更要晉用有實力、敬業與專業並重的人才。

◇經營者要專注厚植品牌總部的五大根基力量，也就是品牌價值、市場發展、業績成長、服務品質與團隊素質。

第七章

獲利經營

一・連鎖經營的有效獲利

「老師，爲什麼那個品牌的店可以開到上百家，也發展很久？我看很多新開的品牌都撐不久。」在一個年輕連鎖品牌的內部主管培訓課程中，有人提問。我笑著回答：「因爲他多數的店都能賺錢啊，單店賺錢的能力是整個連鎖事業能長期獲利的重要關鍵。」

無論大小店，單店還是連鎖店，每個老闆都希望能夠賺更多的錢。單店可以賺的錢，大多是廠商進貨或自製商品的銷售獲利。多店經營加上品牌價值，就有品牌效益，如麥當勞、統一超商與六角國際等知名品牌授權，就有加盟金、權利金、技術移轉與原物料等收入可賺。

企業能長期賺錢，代表除了品牌有市場存在的價值外，也有經營獲利的能力。餐飲連鎖，投資資本小，技術門檻低，毛利高，風險不大。服務連鎖，投資資本中等，技術門檻高；規模若大又遇上景氣不好，風險就大。零售連鎖，投資資本高，管理門檻也高，營收規模大，淨利率低。以上三種類型各有特色，想賺錢，企業經營者就要比條件、資源與能力。換成華人做生意的語言，就是要比天時、地利與人和。

一個連鎖品牌，倘若連自己的直營店都無法獲利賺錢，那就別奢談能有本事也讓加盟店賺錢了。直營門市的獲利能力，其實是連鎖品牌能長期發展的根基。

門市獲利方式

投資實務上，實際花錢的部分，往往會有不少意外支出發生，超過當初的預算。而營收的部分，卻往往沒有比預期還樂觀的條件。因此，規劃時一定要考慮風險變化，事先做好因應措施。實務上，營業收入的數字會估算出樂觀值、一般值與悲觀值三個。樂觀值是指最好的營收狀況，而悲觀值就是營收最糟的狀況。悲觀值等同是投資決策的底線，若是太差，基本上就不會投資。

連鎖門市在會計帳務上，設備是以五年折舊與一年殘值計算，裝潢是以三年攤提計算，理論與實務差很多。裝修投資時，花的都是大錢。若生意不好要拆，不但不值錢，還要倒貼拆除運送費用，才能還房東。連鎖門市投資，最合適的估算邏輯，還是以現金回收比較實在，也就是說，投資多少現金，需要多久時間，可以讓投資現金回本且獲利。流行的快銷品，如茶飲、甜點或特色小店，直接用二～三年，看現金回收比較方便。

獲利的三要素

總歸來說，連鎖品牌要獲利的基本原則分別是：店群的布局、總部管理效率與無形資產變現。連鎖店群的搭配組合有幾種，例如，多數茶飲連鎖品牌是以小店為主；早午餐連鎖品牌，多數是區域小店，互相支援，形成有效率的規模。部分品牌也會在顯目的地點開一～二家大店做為品牌形象店，如路易莎。

另一種是財力雄厚、實力堅強的連鎖品牌，例如新型的7-11連鎖超商或大賣場家樂福，品牌穩定成熟，多數都是大店。景氣好，不怕店大；景氣不好時，會以多數小店來與大店搭配。大店彰顯品牌形象與營收規模，小店深入社區經營，掌握客群與貢獻市占率。連鎖品牌一旦門市數量有規模化後，總部在品牌行銷、新品開發、教育培訓、物流配送、加盟招商、支援輔導等管理效率就很重要。

最後一個，是無形資產的變現。在連鎖品牌可以變現的無形資產，包括知名品牌、營運

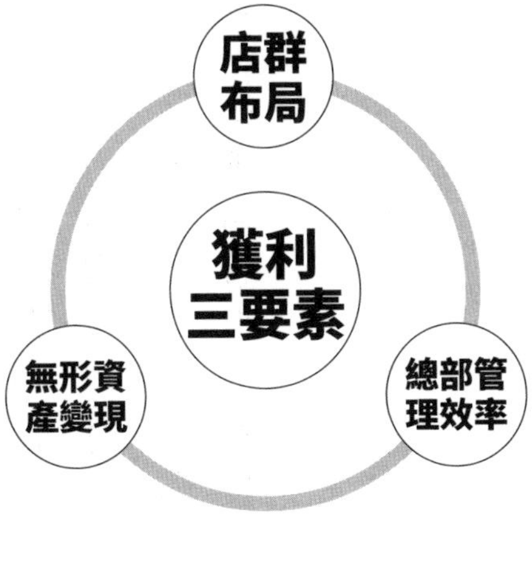

技術、客戶資料與資訊系統等。品牌資產，主要是指品牌知名度、指名度與客戶口碑。技術資產，主要在新品開發、製程、設備與器具等產品力的呈現。客戶資料是有效會員的資產掌握。資訊系統資產，主要從門市、總部、營運督導與供應鏈的資訊系統整合運用。這些無形資產都可以變現到代理費、加盟金、權利金、技術移轉費與供貨獲利上。

當然，在Covid-19疫情後，品牌在服務流程、商品開發、行銷通路與物流服務等的數位科技運用能力，也是未來要新增的獲利影響要素。

投資風險管理

在投資評估上，連鎖品牌有不少風險要考慮。首先，是預期收入實現或同業競爭的市場風險。收入評估可能會不如預期，也可能有商圈主消費者移轉的策略性收店，這要靠事先的市場調查分析與經驗來因應，或是假設萬一營收是預估的悲觀值時，財務損益要如何打平。

其次，是在使用分區、消防法規與環保規定上的法律風險。尤其是餐飲連鎖的門市營運法規上，平常沒什麼事，一旦出了意外，火燒連環船，可能都要面臨停業或撤照的壓力，尤其是知名品牌。另外，是商品或原物料的供貨風險；平常就要分散採購來源，並注意供應鏈廠商的經營狀況，以提早因應。海外授權經營更要注意當地政府的法令規範與經營習性，以降低營運管理上的風險。

近年來因消費意識抬頭，網路媒體力量大，且政府法規訂定以優先保護消費為主，一旦發生消費糾紛，引發媒體追報效應，會造成品牌營收的大風險。最後，是財務風險，這個風險往往發生在前三項風險發生時，因營收大幅降低，企業現金水位不足，容易發生財務風險問題。此外，硬體的量體投資過大、內稽內控沒做到位或大股東轉投資失利等，都會引發財務風險。

顧問的提醒

◇企業能長期賺錢，代表除了有市場存在的價值外，也有經營獲利的能力。而且直營店要先有能力賺錢，才有能力讓加盟店或代理商賺錢。

◇連鎖品牌要獲利的基本原則分別是：店群的布局、總部管理效率與無形資產變現。

◇連鎖品牌可以變現的無形資產，包括知名品牌、營運技術、客戶資料與資訊系統等。

二・連鎖事業的成本獲利

「我們要如何快速開發新業績？」每次我在輔導案簽約後，多數會跟客户安排一次企業體質的診斷會議，討論如何突破獲利限制，打造企業的獲利體質。老闆常這樣問，但其實都忽略了如何從「成本」獲利。

台灣多數連鎖品牌都是供貨型總部，如統一超商、CoCo茶飲、麥味登早午餐與丐幫滷味等。也就是說，無論直營或加盟的門市現場所銷售的商品或原物料，都是向總部來下單供貨。

連鎖總部在有了經濟規模後，對外採購金額越高，就越有籌碼跟供應商談進貨價格，增加更多營業獲利。多數供貨總部也把原物料與商品委託給專業代工廠代工，只有關鍵原物料才可能自己做後加工。

在門市經營上，因為消費意識與競爭狀況，門市商品很難隨意調整價格。從商品進貨成本的角度來看，採購成本每少1%，在損益表上的獲利，就可能會增加10%。尤其是在成熟業種的競爭中，靠衝營業額賺錢的速度，可能都還沒有比靠降低成本來得快。

在業界實務中，如便利超商或大賣場的零售連鎖，多數跟廠商進貨，部分委外生產掛自有品牌。餐飲連鎖則是多數委外代工，少部分自製。一些國際連鎖大品牌甚至全部委外代工，如咖啡、早餐或茶飲多是如此。美容、SPA或瑜伽教室等服務連鎖的服務產能，多數自行提供，部分與外部合作提供。

從規模獲利

門市營運中，進貨（或原物料）成本、租金與人事費用是主要的三大支出，而進貨成本是其中的大宗。連鎖多店的店數規模，會產生以量議價所產生的規模經濟效益。規模經濟效益在此指的是隨著營運規模增加，總營業額或總銷售量也能增加，生產成本、採購成本和經營費用都可以降低，從而能夠取得成本優勢。

這也代表隨著規模加大，經營將會變得越來越有影響力。因此，無論直營或加盟體系的連鎖品牌經營，門市數量是一個市場競爭的重要經營指標。門市的數量越多，意味著營業額與銷售量增加，產生更高的規模經濟效應。尤其在採購成本的降低上，對整個連鎖體系的獲利會有正面的加持。

控制採購成本的一個重要思維是季節性採購，尤其是像王品集團這類餐飲連鎖經營，當季的食材品質好且供應量大，價格往往也不高。所以，門市的餐點會依據市場供貨的季節狀況，選擇合適的食材來做菜品開發。以前，餐飲連鎖業者會跟批發商或大供應商合作，現在為了取得更直接新鮮的食材，也會直接建立與產地供應的合作關係。

採購管理

議價是採購的基本工作，但要有總成本的概念。也就是說，要考慮到維護、零配件更新或價格等問題，還有因為這項採購而增加的有形、無形成本，包括內部人力、物力、流程等調整，而非一味的要求低價，甚至胡亂砍價。要掌握市場行情變化，讓供貨來源能分散風險管理，讓供應商成為我們的策略合作夥伴。

中小企業經常靠經驗與交情來管理供應商，卻忽略供應商的專業評估。不只是一次性採購的交易評估，更包括供應商本身的企業狀況評估，是否能長期扮演好公司的合格供應商。評估的指標項目包括有交貨品質、技術能力、配合能力、財務狀況與業界口碑等。當然，在企業內部也要建立合適的管理與稽核制度，以避免產生貪汙與回扣的事件。

某些實體連鎖通路的營運模式，如全國電子與燦坤3C，不只是比誰會銷售，更要比誰有買對好貨的採購能力。好貨指的是門市好賣的貨，也就是進貨或加工後，在門市容易創造銷售業績且周轉率快的商品。若這些好貨能掌握到獨門進貨或低價進貨的管道，對門市的業績貢獻良多。

產能規畫

在零售連鎖業裡，會有來客數在離、尖峰與淡、旺季的落差。尖峰與旺季時，要考慮是否有足夠的產能滿足擁擠的客戶需求，又不會造成離峰與淡季時，成本上的無謂浪費。零售業的產能必須合理規畫，要考慮到供應鏈、物流與銷售預測等，也可以用商品推薦的方式，引導客戶需求量的分散。

餐飲連鎖業則期望能以最快的速度滿足客戶需求，但庫存資金積壓最少且管理能簡單合理化，注重在產能規畫、成品與半成品的委外生產。其次，為了掌控產能，業界還常在門市與總部間架設電子採購系統，方便即時掌握門市的需求。

在美容、健身或牙科等服務連鎖業中，替代產能的就是空間中有效的服務承載量。承載量的大小跟設備、設施、服務人員品質與數量有關，實務上會用預約制、不同時段差異訂價或離峰時段優惠等方式，來引導需求平均化。

顧問的提醒

◇ 在成熟業種的競爭中，靠衝營業額賺錢的速度，可能還不比降低成本來得快。

◇ 無論直營或加盟體系的連鎖品牌，門市數量是一個市場競爭的重要經營指標。

◇ 某些實體連鎖通路的營運模式，不只比誰會銷售，更比誰有買對好貨的採購能力。

三・新零售時代的業績計算

科技網路與行動服務的快速進步，促成連鎖加盟業的變革。無論我們說O2O、全通路或新零售，市場重點在於以全通路的方式去經營客戶，將線上以及實體通路的流量結合後，產生「全通路獲客」的效果。統一超商、全家便利商店、星巴克或家樂福等零售業者，都積極往新零售的方向發展，藉由大數據資產的資訊整合與活用，掌握忠誠客戶，創造持續價值。

傳統業績公式

在傳統零售業中，我們有這樣的業績公式：

銷售額＝成交客戶數×客單價
成交客戶數＝路過客數×進店率×成交率

路過客數跟門市周邊的人流量有關，好地點自然容易帶來好的人流量。店面設計、裝修與陳列，塑造門市集客力，能提高客戶進店比率。成交率則要靠商品、服務與銷售技巧來提升。

客單價的依據來源，可以從品牌力、行銷力、商品力、服務力與銷售力這五種力量來決定。五種力量越大，定價就越高。不同通路與客群的定位，也會影響到單品的訂價與成交單價。在連鎖直營中，品牌的總業績來自所有直營店營業額的加總金額。根據季節影響，或是如直營店、百貨店與百貨專櫃等的不同通路型態，會在公式裡加上新的計算變數。

決定客單價的力量	解釋
品牌力	市場知名度與信任度
行銷力	主動影響客戶購買意願的力量
商品力	讓客戶想購買且有高滿意度的商品
服務力	提供客戶滿意體驗
銷售力	提高客戶購買率與成交價

加盟型態的體系，會依據不同的加盟收入模式，有不同的計算公式。以台灣最多數茶飲與早餐的「自願加盟」型態為例，如一芳水果茶與麥味登早餐等，從授權加盟店得到的收入項目，多數是加盟金、裝潢設備差額與權利金，加上原物料與商品的供貨收入。大概可以把總部的業績公式看作：

（加盟單店的收入＋供貨收入）×加盟店數

新零售業績公式

新零售的獲利重點，則在以全通路方式去獲取並經營客戶，基礎來自於客戶流量的掌握。因此新零售的銷售業績公式，簡單來說是：

業績＝客戶流量×購買轉換率×客單價×回購率

也就是說，多通路方向來的客戶流量，經過層層過濾後，轉換為客戶行為的購買業績。這個回購率除了老客戶的回購，也包括老客戶轉介的客戶。

新零售強調以「全通路」線上與線下的型態去獲取客戶。重點在於實體門市的線下體驗，與線上購買、服務可以無縫接合，可以說是著重在人、貨、場三個主要變數，如全聯福利中心、屈臣氏藥妝、統一超商與全家便利超商等知名案例。在「人」的方面，我們在意交易流量與客單價；在「貨」的方面，在意採購進貨的成本單價與進貨量；「場」的部分，在意與客戶的每個觸點過程中的相關數據。

新零售的操作實務上，初期客戶以熟悉行動網路科技的年輕客群為主。商品類型也以剛性需求特性的衣服、零食、美妝等生活必需品為主，較容易在線上與線下同時交互操作、融合。當然必需品的定義，往往依據年紀而有差異。例如，可照相、播音樂的手機是年輕人的剛性需求，但對老人家而言就未必了。

顧問的提醒

◇客單價可從品牌力、行銷力、商品力、服務力與銷售力這五種力量來決定。

◇新零售的銷售業績公式：業績＝客戶流量×購買轉換率×客單價×回購率。

◇新零售的獲利重點在以全通路方式去獲取並經營客戶，獲利基礎來自於客戶流量的掌握，因此實體門市的線下體驗，需與線上購買和服務無縫接合。

四・如何突破營收成長瓶頸

媒體曾經報導，Nokia前CEO在一場記者招待會的最後，說過一句話：「我們並沒有做錯什麼，但不知為什麼，我們輸了。」競爭者本來就會出現，在巷子裡賣自助餐的店家，它的競爭者早已不是餐飲同業，而是跨界、跨域的7-11、全家，它們都可以賣御飯糰、茶葉蛋、麵包與牛奶等早餐來跟你競爭。

一場Covid-19疫情，更是打趴一堆知名連鎖品牌的門市。商圈人潮衰退，倒店數大增，部分品牌更是傷了元氣。尤其是消費性的潮牌服飾、流行話題的茶飲與高價的奢侈品。以前的快時尚產業，都快變成時尚慘業。「海水退潮，就知道誰沒穿褲子游泳。」此時，企業體質的好壞，立馬見真章。

在多年的顧問職業生涯中，見過不少中小企業在辛苦創業數年後，終於變得有點規模。心中喜的是，業績營收持續成長，媒體對企業成功題材的青睞，更獲得不少免費廣告的採訪與報導。憂的是，員工不斷有不滿產生，離職前幾乎都在抱怨公司沒制度；該有的會議進度追蹤報告，也未見落實。經營者似乎每件事情不自己盯著就不會安心。幾位開國元老帶著怨恨離開，然而高薪新聘主管的表現，卻還只是差強人意。

原來，初期創業成功的標籤，讓經營者反而更害怕失敗，心中無形的壓力與擔心日漸擴散累積，感覺就像在馬戲團每天在高空平衡木上驚險行走。

這類型的問題，多數是因為以前賺的是「時機財」，企業卻沒有升級到能賺「管理財」。

調整組織心態，觀察產業現況

企業組織久了，就容易安於現狀，淪為官僚制度的天下。多數內部流程是為了防弊，而非興利。管理組織的人，有時甚至比開發市場的人還多，花錢的人，也比賺錢的人多。領導者對市場的認知、格局視野與創新等的不足，都會成為企業成長的天花板。試問：貴公司在市場上是否擁有持續讓客戶想優先購買的能力？擁有不斷創造顧客的能力嗎？公司在市場、管理或供應鏈上，是否擁有持續的競爭優勢？

人的能力，往往會被過去的經驗與成功所限制。過去成功的條件，不代表現在有能力持續掌握。過去的成功，反而常常是未來成功的絆腳石。當團隊安於現狀，每天生活在熟悉、安全的舒適區中，就容易忽略了客戶、競爭者或整體市場的轉變。就像PChome在電腦介面的線上購物模式曾經成功，卻讓蝦皮購物在發展年輕人手機購物與支付功能上做出市場區隔的特色。

科技無國界，新世代消費者的數位習慣根本不用刻意培養，就能如魚得水。在行動支付的金融、便宜方便的物流、快速出貨的供應鏈支援下，實體門市零售與數位電商市場早已經發展為以消費者為中心，彼此融為一體的市場了。真正的競爭力，在於掌握客戶且創造體驗價值的能力。

服務連鎖中，除了高端體驗的服務與技術外，很多逐漸被科技替代或是低價化，如瑜伽與美容服務。零售連鎖中，在人、貨、場三大元素中，以顧客為中心，更充斥著科技化、數位化與體驗化。如全聯福利中心的 PXpay 數位支付，家樂福將推出無人商店進駐較具規模的分店，美廉社也陸續推出無人貨架（OFFICE Mart）進駐企業辦公室。

在餐飲連鎖中，餐飲服務科技化的速度也正在加快。除了國際品牌的麥當勞和肯德基外，八方雲集旗下的新品牌梁社漢排骨飯，也以科技化的方式來經營。「梁社漢」發展 KIOSK 自助點餐機，結合悠遊卡、LINE Pay 付款，搭配廚房 KDS 系統接單叫號，應用 CMS 數位廣告機等，重新塑造餐飲市場的新經營型態。

面對多變的市場，別忘了，人的潛力無限，差別在是否有持續且強烈的企圖心與識破迷霧的眼光。你是否甘於跟隨市場，還是願意主動創造市場？市場的勝利者永遠是少數，也不會有永遠的勝利者，只能不斷保持成長、精進的競爭實力。

突破收入的限制

美團、餓了嗎、Foodpanda與Uber Eats等，都是餐飲科技平台的創新運用。你不需要開餐廳，就能經營龐大的餐飲生意，讓新商業模式翻轉了市場競爭版圖。想突破限制，得先找到機會。借勢賺錢，借力使力，才容易打造企業成長的力量。在變化快的地方，找出改變的規律，也要找到結構變化的轉折點，這些地方往往就是限制的突破點。

忽略無形資產的經營，也是一種自我限制。在損益穩定發展的狀況下，要多方擴展連鎖事業的無形資產，從無形資產的價值複製中，找到更多發展的機會，像是麥當勞與六角國際都是品牌授權這方面的經營翹楚。這些無形資產轉化的收

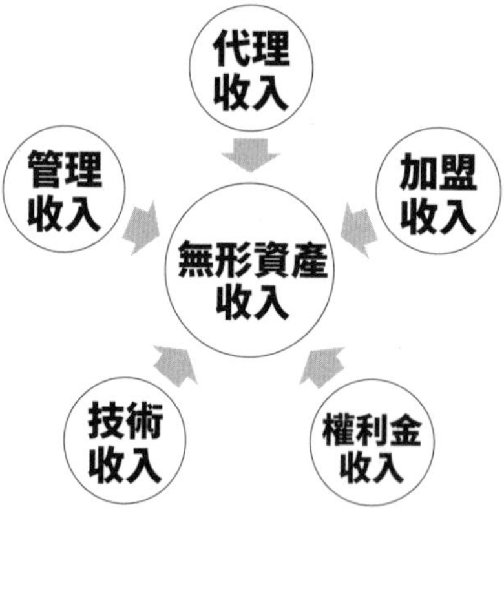

入，在業界較常見的包含代理收入、加盟收入、權利金收入、技術收入與管理收入：

無形資產的收入	說明
代理收入	例如A牌水果茶授權給B公司在馬來西亞代理發展品牌加盟事業，B公司支付代理費給A牌，成為合法的品牌代理商
加盟收入	一般說的加盟金，指的是品牌總部在開店前幫加盟者做整體的開店規畫及教育訓練所收取的費用
權利金收入	加盟店使用總部的商標所需支付的費用，只要加盟店持續使用總部的商標，就要定期支付。通常是每家加盟店依分店業績來抽成
技術收入	連鎖總部提供技術移轉的收費服務，讓投資者可以降低產品開發風險與人力成本，加快事業發展速度
管理收入	加盟者需要持續支付給到總部的費用，原意是因長期經營時會持續產生一些費用與成本，需加盟者共同來分擔。部分連鎖總部會以品牌費、月費、廣告費或軟體系統費等名義來收取

賺長久的管理財

能掌握某個時期的需求與趨勢，提供合適的產品與服務供給，所賺到的財富稱為「機會財」；創業初期的成功，往往都來自機會財。有些機會財是因為行業特性，例如時尚流行服飾本質上跟著短期趨勢走，需求變化快，周期也短。

因政府政策或法規，產生大量需求而賺到的錢，則稱為「政策財」；若政策太過注重選票，政策財也容易變成機會財。機會財，往往不易掌握複製。企業在特定時機下快速成長而打造出來的虛胖脆弱體質，更不易經歷長期的市場考驗。賺時機財不長久，要靠賺「管理財」，才能擁有企業長期的競爭力。

管理財的重點在於企業的管理體質，要在企業內部，把策略、計畫、組織、流程、用人、訓練、領導、溝通、目標、預算、考核與資訊等，打造完整的管理運作體系。品牌產品與服務，可以快速反應市場，管理體系穩定運作，異常與危機能隨時被管控。新產品、新創業與新技術等，部分專家稱為創意財，也可以歸類到管理財中。

精實公司的體質

經營上碰到問題，不只是針對問題立即解決，還要建立有效改善的系統。針對哪個環節是系統中的弱處與限制，強化解決。只要系統正向順暢，自然問題就不易發生。在連鎖經營實務中，很多問題是連動關聯的。例如開幕衝營收，結果商品品質和產能不足，造成抱怨。一家門市的營收不足，往往也可能因為服務產能的實際流程不順暢。

診斷公司的經營體質，要看是否能因應現在與下一次市場發展的需求與挑戰。重新定位品牌、聚焦毛利、集中客群、開發差異化產品，並找到內部的限制問題，建立組織長期的、精實的體質。深入第一線去了解掌握客戶需求，永遠早客戶一步，創造品牌體驗的驚喜。前面提到全國電子與燦坤電子的競爭發展，就是很好的案例。

少有利於多，尤其是中小型連鎖品牌，不要讓過多的產品變成客戶選擇時的障礙，更不要成為產能尖峰時的瓶頸。刪除不必要的業務與營業活動，聚焦在更有機會的業務項目。檢討產品品項，強化採購、企劃與研發能力，檢討更具吸引力的商品組合。將實體門市的有限空間，結合數位電商的無限品項展示，實體坪效已經被重新定義為虛實場域。

中小型連鎖品牌該精進的，最終都是要塑造美好的品牌價值體驗，進而讓企業的營收與獲利成長，讓競爭力也長期成長。硬性的管理，要在店群規模下強化店群之間的鏈結力，以及總部營運管理的效率。軟性的管理，則提高團隊協同的整合力量，包括直營店、加盟店、營運督導與總部之間的鏈結力。

顧問的提醒

◇過去成功的條件，不代表現在有能力持續掌握。過去的成功，反而常常是未來成功的絆腳石。

◇在變化快的地方，找出改變的規律，也要找到結構變化的轉折點，這些地方往往就是限制的突破點。

◇少有利於多，尤其是中小型連鎖品牌，應刪除不必要的業務與營業活動，聚焦在更有機會的業務項目。

五．打造連鎖事業的護城河

一家好的上市公司，能讓客戶買單，長期營運賺錢；還能讓股東不斷投資，用股票可以換大把鈔票。一家真正好的公司，分析起來成功祕訣都很簡單，但就是不易複製，如麥當勞、可口可樂與蘋果等國際品牌。真正的企業核心價值，不易被複製，如果競爭者花大錢就可以輕易替代，那代表企業體質其實不夠強，而且保護不了企業獨有的價值。

以餐飲連鎖品牌為例，傳統的經營目標中，「店數規模」是個重要指標。所以，對每個連鎖品牌的企業主來說，無論是直營或加盟型態，拚命衝展店數是老闆最在乎的一件事。但，在衝鋒陷陣的過程中，企業主卻忽略該提

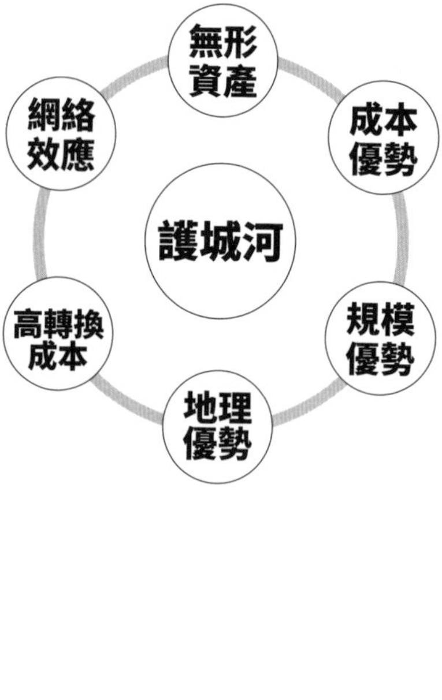

早建構「護城河」，才能長期維護公司的資產價值。

知名投資家巴菲特提出投資「護城河」概念，說明一家真正稱得上偉大的企業，都必須擁有一條能夠歷久不衰的護城河，而投資人的選股優勢關鍵全取決於這條河的寬度與深度。這條護城河能讓企業能圈住客戶、容易獲利且不易模仿，使競爭對手永久被隔絕在安全距離之外。

打造連鎖事業時，六種護城河指的是無形資產、成本優勢、規模優勢、地理優勢、高轉換成本與網絡效應。尤其餐飲業是一個進入門檻低且不易有技術門檻的行業，護城河的建立更是品牌業者該提早注意的事。下面以台灣某知名餐飲連鎖品牌為例，說明每一項護城河，可以發展建構的項目會有哪些。

無形資產

1、品牌：相同的產品，消費者會因為品牌願意支付更高價格。如星巴克。

2、配方：如肯德基的炸雞產品，標榜擁有獨門香料的機密配方。

3、特殊技術：如鼎泰豐小籠包，擁有打、揉、包、摺、蒸等極致焠鍊的精巧手藝。

4、專賣權：熱門地點如高鐵站或一〇一購物中心的餐廳標案，讓得標企業擁有店面的專賣權，或品類的獨家保護權。

5、專利：不少小吃類型的連鎖加盟品牌擁有獨家專利設備，吸引加盟主合作。如烤蝦、烤香腸與雪花冰等。

6、獨家供貨：特殊食材的獨家供貨，如一些頂級海鮮或燒烤餐廳和產地簽有獨家或優先的供貨權。

7、政府特許：擁有特許條件的經營權，是一般同業不易取得的特許執照。如某家知名婚宴廣場，在特定場域擁有業界羨慕的合法經營執照。

成本優勢

1、**特有資產：**例如自有房屋，低租金成本。

2、**原料供貨：**像知名牛肉麵連鎖品牌的大股東是大型肉品貿易商，原料供貨的CP值超高。

規模優勢

1、**門市店數量：**店數規模遠大於同業五～十倍，擁有成本規模與市場聲量的效應。如路易莎與50嵐。

2、**會員／熟客數量：**熟客會員數的規模量，能造就門市的穩定消費收入。如星巴克、全家與王品，都針對會員與熟客提供優惠或特別服務。

地理優勢

門市地點具備曝光量大與客流量大的戰略地點，例如大都市三角窗店面的長期租約。

高轉換成本

客人轉換到其他供應商的代價很高，如星巴克咖啡的會員卡儲值。

網絡效應

越多人使用，就越好用，網絡效應就越高。如媒合餐飲供給和需求雙方的Uber Eats與Foodpanda，只要提供好餐點的廠商越多，消費者越願意註冊會員。

消費的人越多，自然而然好廠商就願意參與平台提供服務。

經營連鎖品牌事業，每月損益表都賺錢才是正常的，日常營運有正現金流更是應該的。不能忽視的是，從長期的品牌價值來看，打造連鎖品牌專屬的「護城河」才是真正的大事，藉此不但提高品牌的市場價值，更可以是抵抗競爭者的武器。

顧問的提醒

◇ 打造連鎖事業時，六種護城河指的是無形資產、成本優勢、規模優勢、地理優勢、高轉換成本與網絡效應

◇ 熟客會員數的規模量，才能造就門市的穩定消費收入。

◇ 應設法提高客人轉換到其他供應商的代價。

第八章

經營者修煉

一、稱職經營者的重要工作

輔導企業多年後，經常發現不少企業的經營者，其實並不清楚如何扮演好稱職的角色。明明手上擁有權力、資源與員工，也知道要扛起企業經營獲利的責任，卻是每日白忙一場。尤其是中小型企業，多數老闆是業務或技術出身，手邊有不差的產品，也知道如何開發業務，但就是每天辛勞，不知道如何營運企業。

不少企業老闆或中高階主管，後來選擇去EMBA在職碩士班進修。學分唸了一堆，也交了一堆高階朋友，回到公司經營上卻好像學的也用不上。最常看到的是，該做的事沒做，但對商品開發倒是很沉迷。原因多數出在創業初期，往往因為商品力的成功，讓經營者忽略了其他的管理職責。

多數經營者都想培訓員工，卻忘了自己更是該被培訓的人。不但要替企業找方向、定目標及整合資源，更該安排對的人才，擺在對的舞台上，讓他們得以發揮。最後才是把事做好，而且要持續的落實。

成為對的經營者

將帥無能，累死三軍。很多老闆替企業組織訂了一堆規範與工作流程，卻忘記一個最重要的職位沒有規範：老闆自己！日常領航企業前進時，有關掌握方向、制訂策略、設定目標、領導團隊、制定規範、掌控進度、績效考核等，大大小小的事都是老闆的事。

身為經營者，需要了解自己的能與不能、優勢舞台與弱項短板，才知道如何發揮自己的強項價值，要找哪種人才跟你互補。時間、心力與注意力是企業老闆的三大稀缺資源，應該放在日常「思考」與「做決定」這兩件大事上：哪些是對的事情？誰來做比較合適？如何落實執行力，把事情做對？你不能增加時間的長度，但可以增加時間的厚度，讓時間運用得更有效益。

做對的事

公司要做哪些對的事？簡單來說就是企業理念、任務與價值觀。

經營者該思考的核心問題，包括企業整體的目標是什麼？品牌定位是什麼？連鎖的商業模式該如何打造？團隊成員的工作目標是什麼？日常應該做哪些工作？如何成為文化、習慣與營運管理系統？如何打造讓團隊做好工作的環境？同時，也要規劃打造企業的管理工具。

「做決定」，是企業老闆每天的大事。在評估好人、事、時、地、物與財等六大要素後，才能做出好決定。任何決定都有代價跟風險，所以需準備替代方案，甚至做小規模範圍的測試，以確保決策的有效性與風險控管。合適時機的判斷，就容易找到相對有利的時空條件，讓事情目標更容易達成。

找對的人

「沒有完美的個人，但有夢幻團隊」，在對這句話有深刻感受與理解後，經營者更要多花時間尋才、選才、聘才。要懂得授權的力量，讓團隊完成工作。另外，要了解團隊重要成員中，每個人的動機、專長與強項，才能揚長避短。

企業組織成員有四個重要角色。首先是高飛的鷹，如董事長或高階幕僚，要有市場整體的戰略思考與格局，高瞻遠矚，謀劃企業發展藍圖。其次是鎮山的虎，如CEO、總經理與事業部總經理，要坐鎮企業，指揮若定，穩定軍心。再者是叼肉的狼，如業務主管、店長或區經理，扛業績賺錢，個性要積極有攻擊性。最後一個角色是看門狗，如總部管理處的幕僚單位，能有效提供前線支援與資源，穩定大後方。

經營者要主動掌握團隊重要成員的背景、專長與動機誘因，知道何時能提拔誰，誰有能力勝任哪個職位。經營者要善於分配名、利、權、位（名氣、利益、權力、地位）這四大人性要素，激發潛力與競爭氛圍，讓每個人都想往上爬。

把事情做對

用對方法，效益倍增。經營者要懂得重點與優先順序，優先專注於完成最重要的事。經營者須深知時間有限，在一團混亂中，快速、有效的做出取捨。有科學化思維，凡事先掌握事實，能假設發展變數。在深度思考分析後，找到最適切的解決方法與途徑。

做事與做學問不同，要深明「大道至簡」的意涵，分析要抽絲剝繭，作法能直接有效。做事要目標與成果導向，控制過程中的關鍵點，讓組織把事情做對。善用數位與科技來掌控重複且大量的流程細節，更進一步的落實，形成完整的價值創造循環。一但搞清楚有效的做事方法與流程，就要建立組織分工、制度規範與工作流程，讓團隊員工有依循的作業標準。

這個過程不能光靠紙張作業就能完美規劃。真正有效的制度，需要內化成企業文化，從組織內部長出來。更進一步，就要建立連鎖管理資訊系統，讓固定且重複的工作項目與作業流程，如點餐、結帳、庫存管理與進貨等，轉由系統自動去運作，讓人才做附加價值更高的工作。

顧問的提醒

◇ 身為經營者，需要了解自己的能與不能、優勢舞台與弱項短板，才知道如何發揮自己的強項價值，要找哪種人才跟你互補。

◇ 真正有效的制度，需要內化成企業文化，從組織內部長出來。

◇ 花點時間培養自己成為稱職的經營者。別什麼都投資，就是忘了投資你自己！

二・如何有效做好決策

劉董經營一家營收上億的連鎖食品零售的企業，之前都在各大賣場與百貨通路鋪設櫃點或專賣店。前幾年，電商興起給公司帶來莫大的發展壓力，因而發展O2O的新商業模式。他從實體通路的代理零售，跨到線上電商通路的經營，轉型過程雖然有專業輔導顧問的協助，但仍然碰到不少困難與障礙，幸好最後一一克服了。

決策的兩難

「決策」兩個字，可以講得口沫橫飛，但若換成你是當事人，要扛責任與壓力，那就不容易了。人性習慣擁有，害怕失去，更害怕承擔風險。當你是經營者，輸贏就提升到責任、事業、生涯、地位與名譽了。然而，怕輸，就很難贏；能贏，是因為輸得起。

當同業跑得比你快，客戶變得比你更快，商機價值就在時間與速度中流失。當你還在謹慎評估外送平台的高抽成效益與風險時，餐飲同業卻早已經開發出合適的新商品，逐步做數位轉型，且找到搭配的商品毛利結構與保存保鮮方式。問題不在因為擔心風險而錯失商機，而是如何管好風險或轉嫁風險。風險與安穩之間，企業經營者要體認到從來沒有「安穩」這件事。成功經營者往往都是在承擔決策風險中，掌握到更好的發展方向。景氣好與產業發展好的時候，反而很難證明經營者的真實能力。真正實力，往往必須在困境與逆境中才會被激發、展現的。

不決策的風險

隨著時間推移，環境自然會改變。無論是消費者改變，同業異業競爭或是替代品出現，都是正常的。你的企業不變革進化，就可能被競爭淘汰，革了企業的命。做大方向改變的決策，一定會有風險顧慮與推展的壓力，但往往不做決策的風險會更大！

決策沒執行過，很難真正知道風險在哪裡。再厲害的理性分析與風險評估，也很難確保執行無風險。因此，需要的是事先做好計畫的風險分析評估，在能承擔的條件下，做好風險管理。另外，專業幕僚的過度理性評估與分析，往往會蒙蔽對市場的真實敏感度。經營者缺乏第一線的資訊觀察，就很容易判斷錯誤。企業組織若長時間不積極調動起來，容易缺乏組織活力。一家企業沒有持續往前，其實就等同在市場上不斷後退，這才是經營的最大風險。

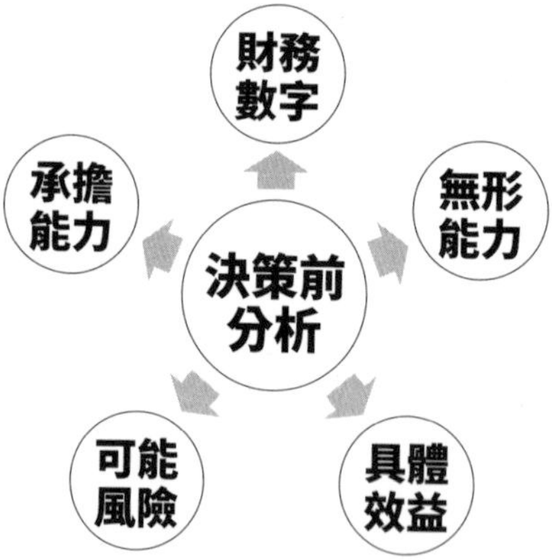

譬如因為疫情，消費者對實體空間出現衛生、安全上的顧慮，需要更多非接觸式的消費行為。因此無論是導入社群平台、行動支付、電商購物或外送平台，都需要盡快做好數位轉型。擁有客戶資產，才真正擁有通路，掌控營收來源。

理性決策的思維

財報分析是管理風險很好的工具，更是決策的好夥伴。大家常說：「數字會說話。」數字會說真話，但也會說假話，就看經營者是否有解讀財報與做好決策的能力。解讀財報，不只是靠財務數字與比率分析，該深度解讀的是：「什麼樣的經營思維與活動，會形成這樣的報表結構與數字？」

然而，理性分析不只是看有形可以量化的數字，更要評估無形的能力與價值。品牌、文化、忠誠度、信任、經營能力與執行力，都是決策上要考量進去的無形資產，即使在財報上難以顯示真正的價值。要考慮決策執行後，會產生哪些具體效益。

做人、做事、做生意，當中「人」才是最基本的元素。財報後面的故事，才是分析解讀的關鍵。

以生乳捲起家亞尼克菓子工房，除了直營門市的銷售外，在團購與電商的帶動下，讓亞尼克成為生乳捲的代名詞。當面對無人商機興起，亞尼克創新的在捷運站廣設蛋糕販賣機YTM。這個新決策的嘗試，承擔了投資與品牌定位風險。儘管銷售業績不如預期，卻開發了男性新客群，更提供大量品牌形象曝光的機會。

有承擔風險的能力

決策的效益，是多數經理人在意的大問題。實戰上的思維，需要的是體察人事、化繁為簡、順勢借力、掌握成果與有效打穿。掌握這樣的思維邏輯，才能讓決策落實在績效的產生上。決策，不要輕易違背人性，更該去掌握人性，善用人性。

決策後的目標、標準要講清楚，才能有效動員組織資源，創造期望的影響效果。

團隊有好人才，就會協助經營者釐清決策的內容。身邊還沒碰到好人才，下決策時的規格就要講清楚，或教導員工如何主動來釐清授權的目標規格。別忽略經營團隊的創新與冒險精神，這遠比管理理論與科技工具更具有市場價值。

好的決策，通常要能引導強項，在優勢機會市場上，以對的定位與策略來創造企業的市場價值與核心競爭力。要在充滿變數的機會與風險下做決定，真的很考驗智慧。然而，經營者的敢攻，是因為不敗；不敗，則來自承擔風險的能力夠強。

顧問的提醒

◇ 專業幕僚的過度理性評估與分析，往往會蒙蔽對市場的真實敏感度。

◇ 數字會說真話，但也會說假話，經營者要有解讀財報與做好決策的能力。

◇ 決策，就是要做對取捨。決策，更要在可承擔風險下，勇於嘗試。唯有大量的實戰歷練，才能擔起決策重任。

三・思考獲利突破與創新

張董經營通訊設備的零件買賣多年，營收一直維持在新台幣五千萬左右。近兩年來，業績雖然還勉強維持著，但毛利與獲利卻逐年下降。他要求公司團隊找出因應辦法，但每次拿出來的提案似乎都見樹不見林。去年新開發的產品上市後，銷售業績更遠遠不如預期。

另一家新創事業開始不到兩年，是傳產寵物食品與用品代理商老闆轉投資的電商新事業。原本老闆期望能搭上O2O的新潮流，突破原有事業發展的瓶頸。畢竟代理商的角色逐漸被市場弱化，在長期發展上，總要未雨綢繆。但投資這兩年來，似乎效果也遠遠不如原先預期。

對多數老闆來說，總擔心在時代、環境的競爭下，事業能否不斷的突破；更經常期望，每個新改變都能為企業帶來突破的新契機，但每次突破其實都伴隨著困難、障礙與風險。天下沒有白吃的午餐，成功的經營者不能期望事業都靠好運來支撐，只有找出獲利突破的限制，加上團隊的策略執行力，才能獲取豐碩果實。

突破的生意經

事業突破，需要對的時機與定位。時機對了，以市場動能來引導與支撐，順水推舟，效益自然就高。企業須隨時掌握整體市場與主客群的變動，搞清楚自己的價值是什麼，也要根據市場定位與區隔，找出品牌價值的相對優勢位置。策略定位很重要，整體思路要從市場機會與核心競爭力，找到企業安心立命的優

勢舞台、切入方式與管道。

創新，是突破的大武器。在Covid-19疫情下，無論是研發產品、創新服務或商業模式的創新，都是突破點。但在實務上，很多企業的創新會過度樂觀，高估市場的接受度，或低估投入的資金規模，最後功敗垂成。別憑想像來評估市場接受度，可以先投入小規模市場去做測試，若反應良好，再來追加投入的規模。此外，創新一定有風險，可能時間被拉長或中途修改內容，因此應該保守預估資金需求。

創新，也怕被山寨，尤其是領頭式的創新，往往容易被大集團以技術與資源優勢快速修改調整後，反倒占據更大的市場利益。實戰中的創新，不但要讓創新成功的關鍵因素可以在內部被複製，更要提高外界模仿複製的門檻，讓企業儘可能維持創新成功的優勢。

突破的兩難

事業突破最難的一關，是主事者的心態問題。想要掌握機會，又不想冒太大風險，偏偏機會與風險相生，陷入矛盾。嘴上說要事業突破的，都是老闆或高層；但是最保守怕死的，也往往都是老闆或高層。無論是資產、地位、權力與利益，擁有越多、站得越高的人，自然更害怕失去所有。

冒險突破，多數是年輕人的地盤。因為擁有不多，自然也沒有損失太多的擔憂。這也是為何談到組織變革與發展突破時，重點在於關注組織內有發展企圖與熱情的年輕成員。突破，需要換位思考。站在市場角度與客戶立場去觀察，是重要的基本動作，卻也違反多數人習慣本位思考的習性。突破點，不只是看到機會的發生，也需要足夠的資源與能力，更需要發覺企業發展限制的瓶頸，在對的市場定位下集中資源，自然容易突破。

創新的面向

創新，可以從下圖五個面向來看。一般產品創新多數是指在技術、功能、發明、專利、製程、工具、設備與應用等。像餐飲連鎖業要開發新品，服務連鎖業是創新服務，零售連鎖業是新品上架。產品創新有兩個大困難，一是新產品上市的行銷，往往九死一生，成功率不到10%；另一個困難是被同業抄襲，求告無門。

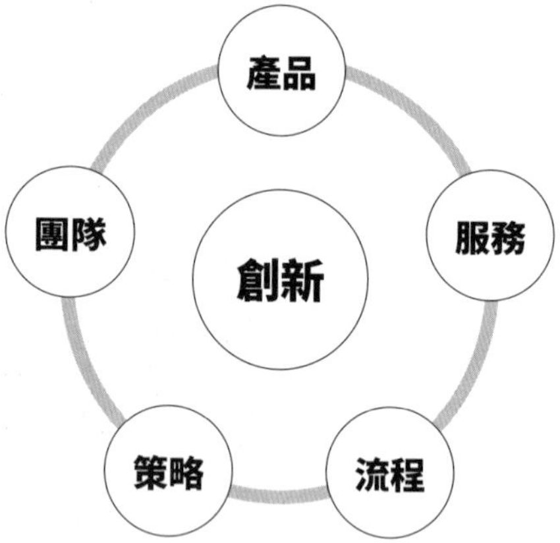

服務創新的核心在掌握情緒面的五感體驗價值。但若太特色化、個人化，規模營運的成本容易過高，如醫療院所的服務，重點在客戶的價值感受要有差異化與個人化；大規模的服務業創新，如金融業、高階SPA與星級旅館等，往往在資本、設備與人員的創新上；百貨或金融服務業的流程創新，指內部營運流程與客戶服務流程上，要能高價值、快速度與低成本。

流程創新，是指技術活動或生產活動中，操作方法、方式與規則的新方法。尤其是在服務連鎖業中，可以藉由 ERRC 的方法，來檢視與創新服務流程：

1、Eliminate（刪除）：有哪些流程是不必要或不適用的，可以予以刪除？

2、Reduce（降低）：有哪些要素可以低於產業標準或是顧客較不重視的？

3、Raise（提升）：有哪些要素應高於產業標準或是顧客較為重視的？

4、Create（創造）：有哪些是目前產業或市場中尚未被提供的，且是顧客需要的，應該被創造出來的？

如 QBhouse 改變傳統理髮院助理、設計師、洗頭助理的多人流程，每家店平均只有兩位設計師值班，新流程改為：機器購票、自己登記、休息等候、設計師剪髮與清潔。讓剪髮的客戶效益更高，營運更有效率。

策略創新，指在附加價值鏈上創新、建立新營運模式、改變產業競爭規則，藉此賺得更多的利益。

團隊創新上，組織越大，越容易被過去的資歷與經驗限制住。有資歷經驗的人若不能歸零，只好找不易受限的年輕人。當然也可藉由策略合作、轉投資或併購等方式，從組織外部來創新。

如全球知名餐飲集團六角國際，目前旗下品牌包含知名的「Chatime 日出茶太」「銀座杏子日式豬排」「段純貞牛肉麵」「大阪王將」餃子專門店等品牌，除了直營品牌，更持續併購合作新興知名小品牌，或代理國外知名品牌，提供集團更多營收發展的動能。

顧問的提醒

◇先投入小規模的市場去做測試，若反應良好，再來追加投入的規模。

◇事業突破最難的一關，是主事者的心態問題。

◇創新有風險，但居安一定要思危。經營者要在企業有能力承擔風險時不斷去嘗試創新與突破。

四．跨界突破，掌握變局

張董經營三家在地汽車零配件店十幾年，做買賣也搭配維修服務。公司雖小，但在當地小有名氣。在二、三線區域城鎮，還有不少這樣以小型連鎖店型態經營的小企業。近年來，大型連鎖品牌日益壯大，也壓縮了小型連鎖店的市場發展空間。不少大老闆經常在居安思危，而老組織內的員工，卻像煮熟的青蛙一樣無感。

曾經，上班族解決午餐的快餐店，早被連鎖拉麵店或連鎖早午餐店爭食市場，甚至被跨界來賣輕食午餐的連鎖超商替代。做生意的基本觀念，就是一切都會「變」。你會的以及你有的，只要做得不錯，就會有人學，有人來競爭。永遠有人提出新觀點，比你更能滿足客戶的需求。

組織面對競爭變局時，經常大家都知道要改變，卻希望從別人開始先改變。其實，大夥兒都知道組織哪些地方該改，特別是自己該改什麼，但卻很難改，因為不知道改變後是否會影響自己的既有利益或習慣。尤其是行業裡的老專家，經常被過去的成敗經驗限制住。「我在這行三十多年了，有什麼我不知道的？」

打破經營框架的限制

因既得利益、組織地盤或僵化等因素，部分老員工自然是石頭堆中的一大塊。資淺的年輕員工，則是路邊的堅硬小石頭，有想法且包袱輕，這些小石頭適合用來突破組織的盲點與僵化體質，但也要注意，這些石頭若是太大，也容易破壞組織的穩定，造成不同程度的撕裂與傷害。

經營者對市場，應有自己的觀點與看法。多數人看好的市場，可能隱藏著群體不理性的迷思；多數人看壞的市場，也可能一枝獨秀，異軍突起。你該相信自己看到的，還是要相信同業說的？知名專家學者說的？還是權威媒體說的？

曾經，統一超商在不被看好的情況下投資7-11，虧損七年後，終於反敗為勝，成就了今天超商品牌一哥的地位。人心多變，客戶更是如此。企業往往因為傾聽而成長，也因過於龐大而對市場變得不易靈敏，漸漸容易忽視消費者的心聲。面對多變的消費者，經營者需要不斷的思考，如何用更有效的方式去滿足客戶需求，甚至創造客戶需求。

經營者的應有作為

看到有未被滿足且願意付費的客戶需求，就該深入研究、發掘，重新定義你的市場。不管是成本降低或價值提升，都是公司競爭力的來源。很多可能，都來自於相信「沒有不可能」。例如，行動電話已經不只有通話功能，不但是輕便多功能的攝影機，更是商務行動電腦。

請用心好好看清這個世界，分析、判斷可能的潛力市場。儘快籌組你的智囊團與經營團隊，重新排列組合各種可能性，發展屬於自己的商業模式。新事業的核心驅動力量，往往都來自經營者的創新思考與膽識。

要習慣去挑戰行規，挑戰不可能。讓新的目標客群感受到新的價值，願意付出新的價格。悲觀的經營者，在困境時，往往習慣性的以為沒有出路，其實多數的路，只是你沒看到或沒想到。好不好走，能不能走得通，走過就知道了。

改變組織，需要經營者以身作則，領頭改變。唯有領導者先行，才能有效引領後續的有效改變跟進。對多數人而言，以為「擁有」才會有安全感，把「減少」當成是痛苦的。但事實上，改變要有效，反而是越少越好：簡化經營者的思考，聚焦資源、時間與意志力，重新釐清目標且集中資源，刪減不需要的浪費。也就是說，簡化過程，才能投入足夠讓改變發生的有效資源。

組織改變，需要有策略性的作為，而非只是觀念勸說。善用群眾理論影響效應，先得到領頭羊，也就是組織中意見領袖的理解與支持，再以小行動的成果，突破多數人的心理障礙。讓一個正向改變，引發另一個正向改變，才能讓組織不斷成長。

顧問的提醒

◇多數人看好的市場，可能隱藏著群體不理性的迷思；多數人看壞的市場，也可能一枝獨秀，異軍突起。

◇在困境時，習慣性的以為沒有出路，其實多數的路，只是你沒看到或沒想到。

◇多數失敗的經營者被環境推著改變，被環境選擇。少數成功的經營者主動選擇環境，掌握改變。

五・地區型連鎖店的經營升級

在台灣，非主要熱門城市的二線都市或地區，依然存在為數不少地方性、小品牌的區域零售轉賣店，如通訊行、藥局、家具行、寵物店、機車行、電器行與文具店等。這些零售店的商品，多數是跟代理商進貨，部分也會在同個區域裡開兩、三家連鎖分店。多數這樣的店家，還是以人工搭配簡單資訊系統的管理為主，但也有部分店家開始搭上O2O的風潮。

大部分這些品牌小店經過多年經營，在區域市場裡擁有一定的知名度與客群。甚至店面是自己的，主要經營成員也是家人或親戚，營運成本較低。以前市場競爭比較少，只要辛苦、努力都可以賺到錢；但經營到現在，若沒有與時俱進，面對新零售的市場競爭，其實多數心裡都很不踏實，擔心哪天經營不下去。

隨著時間推移，這些區域品牌逐漸有二代接班的需求產生。年輕二代的企圖心與學歷平均而言較高，能接受新科技發展，但多數人社會歷練較少。以前第一代企業的老闆以為產品好，就可以做好生意，但現代的商業競爭激烈，新零售的科技運用變成顯學。以前講店面，現在談場域；以前講來客數，現在講虛實來客流量。該如何轉型？如何突破經營現況？

心態問題與升級方法

有些企業經營者什麼道理都知道，但為什麼還是當被煮熟的青蛙？那是因為鍋子裡只有溫水時，青蛙還感受不到痛；或是因為待在井底，看不到真正的天空；等哪天井被封起來或鍋子裡的水燒開了，青蛙才會有感覺。經營者還在用過去的習慣做生意時，商圈的定義與生意方式都改變了，但你的商品、服務、方法與定位為什麼都沒有變？是你忽略了，市場早已悄悄改變，缺乏警覺心。

老顧客逐漸年長，但新一代的年輕消費者早已轉換到「蝦皮」等手機購物世界，全聯、7-11 與家樂福這類大型連鎖品牌的門市現場，更有能力與自建的手機行動購物商城連動起來。以前地區型連鎖店可以比低價、比促銷或比誰有特殊貨，現在紛紛被網路電商的萬件商品、多種付款與順暢物流取代了。

經營者必須先接受新市場的一切新事物，因為生意就是來自於市場。每天都習慣在同一個領域內，專注在現有事業中，往往會忘了消費習慣會改變、主客群會移轉、競爭者會成長、替代者會出現。年輕人要購物，不是看誰的店面大或招牌大，而是先上網搜尋一下，誰的口碑好？評價高？別只看到營收數字與損益表，忽略了客戶的結構與需求改變。

內功修煉

經營者要有新的商業觀點與思維，能以客戶為中心去思考所有產品、服務與營運的價值。未來不只是比誰的商品好或營運成本低，更是比誰的忠誠客戶多，對客戶的影響力大。

經營者要帶頭引發組織改變，才能做好數位轉型；必須以身作則，從包容與接納新時代的人事物開始，學習新客群的購買行為、新商業模式與新市場競爭型態，重新塑造新的格局與視野。組織裡的員工是否能因應新市場的變革？如何引進懂得數位營運的成員？引導團隊共同成長改變。

若是開始要展開二代接班計畫，第一代企業主要仍共同參與新數位商業的各項觀念與知識，學習授權與溝通，建立兩代共治的雙軌制，逐步讓新世代有新的舞台去發揮。新事物的存在，必有其存在的理由。二代該學會尊重長輩與前輩的經驗與知識，兩代的價值觀、知識學習與生活習慣均不相同，只有互相包容與學習，才能做好二代傳承這樣的大工程。

外功修煉

像眼鏡、美容、藥局、通訊行等傳統專賣店，倘若要數位轉型，就需要學會新零售的「人、貨、場」基本觀念。人，指的是客戶與員工，要以客戶為中心，設計交易與服務的全部流程，因為企業的所有價值，決定在擁有客戶的價值。以客戶為中心的相關數據，如貨品、網絡、金流、物流與資訊流等資訊，在未來都是重要資產。員工面對新零售的數位世界，更要重新培養正確的思維、知識與技能。

因為實體物流體系建構越來越完備，支援客戶需求的速度也越來越快。訂購後一天內到貨，已經是網路購物平台的基本能力了。餐飲外送平台的加入，也讓餐飲業者服務生態產生變革，讓客戶的選擇更多樣性，更為靈活。這些供應鏈的變革，更促進了新零售思維的發展。讓客戶在實體店體驗後，可以輕易在手機下單付款，輕鬆等貨送到家。若在一定期間內不滿意，更可退貨退款。業者甚至請物流公司到府取貨。

我們在實體場域（店面門市），以具吸引力的商品陳列、讓客戶駐留的動線、環境的設計與布置去營造消費購物的氣氛。但在數位場域中，消費者購買的場域空間，已經改為行動裝置的顯示介面。產業競爭的市場，已經轉換到如手機與平板等行動裝置的螢幕上。展示螢幕上的介面設計，要讓客戶能快速尋找且推薦比較，裡頭的資訊要能與實體店面的商品與服務相互串連，虛實整合，讓客戶容易比較、容易購買且容易收貨。甚至以容易退貨與退款，讓客戶安心採購，符合消費者的數位使用習慣。

經營者	
內功	**外功**
1 新的觀點與思維 2 老闆引發組織變革 3 兩代共治的雙軌制	1 新零售的經營思維 2 數據是重要資產 3 客戶為中心的虛實融合

顧問的提醒

◇無論是大型連鎖或地區型連鎖店，未來不只是比誰的商品好或營運成本低，更是比誰的忠誠客戶多，對客戶的影響力大。

◇經營者必須先接受新市場的一切新事物，因為生意就是來自於市場。

◇數位化變革的風潮已經是現在進行式。經營者不能只有觀望，只能立即行動，參與改變。

六・連鎖加盟事業的接班人

根據媒體報導，台灣企業有九成屬中小企業，平均壽命只有十多年。台灣的連鎖型企業，多數已交由家族二代接班，其中知名案例都是餐飲業。專業經理人接班的案例其實不多，多數傳統企業還是選擇傳子傳女，延續家族的事業與資產。家族二代接班的成績，目前多數只能延續，少有開創更大新局。

二代接班

媒體報導餐飲連鎖業中，「王品」集團由副董事長陳正輝接掌集團總經理。千家早餐連鎖店的「早安美芝城」，由二代林柏均逐漸接班。超過兩千家連鎖早餐店之王「瑞麟美又美」，由二代賴威光接掌家業，

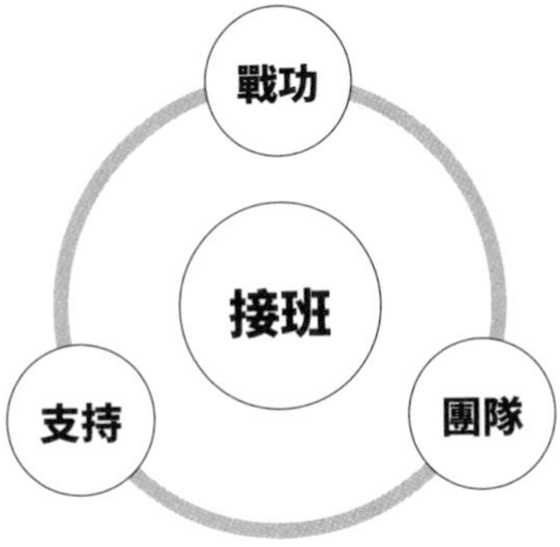

並創立思慕昔、康青龍品牌。全球超過四千家店的 CoCo 連鎖茶飲，則由林家振總經理接掌多年。統一企業集團由女婿羅智先接班。全聯第二代林弘斌也多年從基層做起，進行接班布局。

有過輝煌歷史的連鎖老品牌，面對著市場競爭的白熱化，不但用人成本與營業費用不斷增加，也面對消費者購買行為的改變與新科技的快速迭代。老品牌的延續與再成長，成為一代創業者與後續接班人要面臨的大挑戰。二代接班，做好是應該的；做不好，就要承受市場的異樣眼光。

二代接班的必要條件是戰功，戰功才能讓老臣服氣。只讓二代在旁邊「見習」，效果絕對不如親身投入商場上的培訓。唯有真正在市場歷練過，才能自然而然的熟悉市場，也才能帶領團隊。二代也需要練好基本的馬步，如門市獲利營運、財務管理、風險控管、政商關係、決策能力、可行性分析與組織領導等。

多數連鎖企業接班，往往還是把公司擁有關鍵戰略資源的部門或事業體交由二代或老臣執掌，確保企業傳承過程中的穩定。接班的挑戰中，老臣曾有過的汗馬功勞，需要溝通與尊重。雖然在專業與經歷，或許跟不上新時代發展，但對企業的營業收入發展與關鍵人脈資源的穩定，還是有不可磨滅的價值。

外部空降的專業團隊，多數是在某個領域具有專精背景的經理人，往往可以負責新品牌或新事業的開發，或主導新的管理變革議題。專業經理人的優點，主要來自少了家族企業的感情包袱，較能理性看待新事業的關鍵議題。但相對的，也極容易與家族老臣發生溝通衝突。畢竟變革中的權力、資源與影響力的移轉，容易讓老臣覺得不受尊重。

專業經理人接班

連鎖老品牌如果讓專業經理人來接班，多數問題出在組織結構與市場競爭狀況。品牌老化，導致生意不佳，往往讓經理人不易在檯面上大聲主張。面對老臣觀念老舊，決策超慢且行動遲緩的組織年輕化問題，也不宜在企業內部公開討論。曾經有的輝煌歷史，讓現有老董事長與老臣不易承認，現在正面臨遲暮衰退的未來。

無聲變革，往往比大聲的組織變革更易見效益。在組織變革中，經理人更需要謙卑低調，才能逐步引發變革。需要爭取老臣、長輩支持，累積選票，也要能帶領新團隊，找到下一波對的市場與商機。找對策略與合作夥伴，自然容易「站對山頭，勝過拳頭」。請集中資源與持續堅持，突破原有框架，找到成長的新藍海市場。

經理人更需要戰功，才能坐穩大位。若營收或獲利持續低迷，極容易失去董事長與老臣的信任與支持。有機會就要儘量努力開闢新的成長戰場，以避免跟老臣的舞台重疊，造成資源爭奪與惡性競爭，這樣也比較容易證明自己存在的價值。另外，對很多傳產企業來說，不但要接受專業經理人的高薪酬，更重要的是建立雙方合作的信任關係。

接班人的培訓與發展

二代培訓通常有兩種，一種是培養成專業經理人，目標是要能扛業績、營運績效與獲利的損益表。若是把二代當生意人培養，目標就是持續擴大營收，讓企業獲利賺錢。交棒給二代的經營方式其實有很多種，未必要獨自接班事業，也可把餅做大，與專業經理人合作共同接班，大型集團比較會往這個方向去發展。當然，也可以另外發展其他事業型態，即使是接管原有的老事業，也要創新，尋求新發展。要讓二代承接的資產，也該做好理財或其他投資管理，如投資回收較穩定的股票、金融商品與地產上。

連鎖餐飲集團的多品牌發展，是因應市場快速變化的品牌靈活發展策略。二代也未必要從零開始，承擔高風險去新創一個連鎖品牌，可考慮投資或併購新的小品牌。這些新的小品牌通常擁有幾個易辨識的特性，如差異性產品、有特色的品牌形象、已有成功的小門市規模且未來市場發展空間尚大。

無論是用錢賺錢、找團隊幫自己賺錢，或以併購小品牌方式來賺錢。生意人賺錢主要靠的是資本操作、人脈情報、合作賺錢的生意等方式。

老品牌、老企業的接班，本就不易。到底讓二代還是經理人接班，對品牌的長期發展而言比較好？其實，只要能提升變革提升的企圖心，帶領團隊大夥開拓新市場，立下輝煌戰功，二代與經理人共同接班，豈不更佳？

顧問的提醒

◇ 二代接班的必要條件是戰功，戰功才能讓老臣服氣。

◇ 連鎖老品牌如果讓專業經理人來接班，多數問題出在組織結構與市場競爭狀況。

◇ 無聲變革，往往比大聲的組織變革，更易見效益。

第九章

自我診斷

多數連鎖品牌的經營者，都不是企管背景或在大企業任職過。在打造品牌事業的過程中，經常是邊做邊學，摸著石頭過河，缺少全面與長遠的經驗與觀點。

本書在最後，針對討論內容中顧客經營、品牌行銷、團隊建立、連鎖系統、加盟授權、獲利突破與經營者修煉等七個主題，設計出自我診斷表。表格後面的「摘要與行動方案」是期望讀者在自我診斷後，能針對自我評估分析寫下自己的心得，以及未來打算做什麼有效的改善行動。期望本篇能協助經營者理性自我審視，提高決策品質。

一、顧客經營自我診斷表						
No.	**診斷項目**	**5**	**4**	**3**	**2**	**1**
1	我們是否了解客戶真正的需求？也符合期望中的品牌定位？					
2	我們是否將客戶在意的關鍵服務細節都落實在門市現場？					
3	門市或業務同仁是否有能力與意願，主動推薦客戶購買？					
4	我們是否有建立熟客或會員經營制度，且能運作順暢？					
5	內部開會討論議題，是否多數都以創造客戶價值為中心？					
6	對客戶來說，我們的品牌比起競爭者是不是更好的選擇？					
7	我們是否有編列投資客戶身上的預算？並定期檢討效益？					
8	是否有一套完整的客訴處理流程與制度？有沒有安排相關的員工培訓？					
9	其他：					
摘要與行動方案						

二、品牌行銷自我診斷表						
No.	診斷項目	5	4	3	2	1
1	我們的品牌元素是否具體？定位是否清晰？					
2	品牌形象是否與目標客群、媒體的認知一致？					
3	品牌在實體商圈或線上媒體的持續曝光率高或低？					
4	我們的行銷活動，是否能促進消費者的購買行動？					
5	在實體門市或線上通路，是否有足夠的準客戶流量或人潮？					
6	商品組合是否具備足夠的集客魅力？有熱銷的口碑商品嗎？					
7	虛實門市上的外觀介面、場景布置、商品陳列與客戶動線，是否持續能吸引準客群？					
8	我們是否有危機時的公關處理規範？是否已對員工做好相關培訓？					
9	其他：					
摘要與行動方案						

三、團隊建立自我診斷表						
No.	診斷項目	5	4	3	2	1
1	團隊是否對品牌理念、價值觀與企業文化有充分的認同感？					
2	總部是否有完整「訓用合一」的人才培訓機制？					
3	總部重要的幕僚主管，具第一線門市經歷的比例高嗎？					
4	員工是否清楚知道自己未來在組織內部的發展階梯？					
5	主管們在職務上，是否有能力與意願彼此代理？					
6	團隊成員間是否有革命情感？內聚力是否夠強？					
7	無論是新進人才或內部調升，是否有清楚的選才準則？					
8	團隊對市場跳戰與內部變革壓力，承受度高嗎？					
9	其他：					
摘要與行動方案						

四、連鎖系統自我診斷表						
No.	診斷項目	5	4	3	2	1
1	門市店群能持續獲利的比例高嗎？					
2	是否有能力做好規模化的整體營運管理？					
3	門市是否以客戶為中心，逐步導入數位化營運？					
4	公司在會員或熟客認同、續購與推薦的掌握度高嗎？					
5	品牌在新零售虛實融合後的價值體驗是否能讓客戶認同？					
6	公司的供應鏈體系是否已經開始數位化？					
7	是否需要因應新零售OMO競爭來臨，開發新品牌去因應？					
8	核心團隊對新零售的核心觀念與運用方式是否已有共識？					
9	其他：					

摘要與行動方案

五、加盟授權自我診斷表

No.	診斷項目	5	4	3	2	1
1	直營門市是否能有效投資獲利？獲利的店數比例高嗎？					
2	作業流程規範的標準化，是否能提高單店的獲利能力？					
3	是否能在可接受的範圍內掌握加盟店的成功機率？					
4	是否有能力管控好加盟店在品牌、商品、服務與營運的品質？					
5	展店的專業與能量，是否能跟上展店的速度？					
6	是否有足夠的培訓與督導人才，提供最適當的加盟服務？					
7	原物料供應鏈是否能滿足品質、交期與成本的期望目標？					
8	是否能保護好品牌有關商標註冊與專利登記等智慧財產權？					
9	其他：					

摘要與行動方案

六、獲利突破自我診斷表						
No.	**診斷項目**	**5**	**4**	**3**	**2**	**1**
1	門市數位化後，是否能維持穩定獲利？					
2	在連鎖經營模式上，有善用無形資產的變現價值？					
3	在供應鏈管理上，能否從成本結構改善去提高獲利？					
4	是否能掌握全通路客流量，增加營收獲利？					
5	根據品牌定位、客群與競爭狀況，獲利模式是否仍然有效？					
6	在經營客戶資產上，內部是否有系統化的管理方法？					
7	門市是否能因應環境，開發新收入來源？					
8	我們是否有累積品牌的長期護城河，可提高未來競爭力？					
9	其他：					
摘要與行動方案						

七、經營者自我診斷表						
No.	診斷項目	5	4	3	2	1
1	自己是否有策略思維、懂得布局，並善用槓桿原理？					
2	自己的日常作息是否規律，有固定的運動習慣嗎？					
3	工作時，是否能保持專注在附加價值高的重要大事上？					
4	是否有足夠領導魅力與能力，帶動團隊同仁跟著你走？					
5	是否有能力整合運用親友、NPO組織與政府組織的人脈資源？					
6	是否對挫折的容忍度高，面對重大挫折能冷靜面對？					
7	有固定的學習習慣，且能定期安排自己進修嗎？					
8	對新觀念、創新想法或商業模式的接受度高嗎？					
9	其他：					
摘要與行動方案						

連鎖經營大突破
打造新零售時代獲利模式

作　　者　陳其華
總監暨總編輯　林馨琴
責任編輯　楊伊琳
封面設計　陳文德
內頁設計　賴維明
行銷企畫　陳盈潔
—
發 行 人　王榮文
出版發行　遠流出版事業股份有限公司
地　　址　臺北市中山區中山北路一段 11 號 13 樓
客服電話　02-2571-0297
傳　　真　02-2571-0197
郵　　撥　0189456-1
著作權顧問　蕭雄淋 律師
—
2021 年 7 月 1 日　初版一刷
新台幣 380 元（如有缺頁或破損，請寄回更換）

—
ISBN　978-957-32-9191-6
—
遠流博識網　https://m.ylib.com/
E-mail　ylib@ylib.com

連鎖經營大突破╲陳其華著 . -- 初版 . -- 臺北市：遠流出版事業股份有限公司 , 2021.07
面；　公分
ISBN 978-957-32-9191-6(平裝)

1. 連鎖商店 2. 加盟企業 3. 品牌行銷 4. 企業經營

498.93　110009188

國家圖書館出版品預行編目（CIP）資料